设施农业与轻简高效系列丛书 >>>

绿叶菜轻简高效栽培（彩图版）

LüYECAI QINGJIAN GAOXIAO ZAIPEI（CAITUBAN）

邹国元　孙焱鑫　廖上强 等　编著

中国农业出版社
北　京

编　委　会

主　　编　邹国元　孙焱鑫　廖上强

副主编　曹玲玲　韦美嫚　张京开　张宝海

编写人员（按姓氏笔画排序）

韦美嫚　冉　强　朱青艳　刘　旺

刘超杰　安福尚　孙焱鑫　李　蔚

李兴红　李艳梅　李桂花　李超敏

杨俊刚　邹国元　张白鸽　张京开

张宝海　范天擎　范双喜　季　洁

金洪波　胡　彬　郭巨先　曹玲玲

韩莹琰　雷喜红　廖上强

FOREWORD 前言

《绿叶菜轻简高效栽培（彩图版）》是我们“设施农业与轻简高效系列丛书”要出版的第三本书。已经出的前两本分别是《设施蔬菜轻简高效栽培》和《草莓轻简高效栽培（彩图版）》。

这个系列书的来由，其实是一个故事，是关于设施农业的故事。本系列图书有个明确的主题，那就是“轻简高效”。设施农业栽培发展到现在，产量上去了，用工却困难了，很多生产者的效益并没有发生实质性的增长。广大种植园、种植户，对于设施农业轻简高效栽培技术、装备的需求日益增长。基于此，一个偶然的机会，一群志同道合的人聚到了一起，他们是设施农业栽培相关方面的研究人员、技术人员、生产者，经常谈论如何实现设施农业轻简高效栽培，他们有的谈理论、有的谈实践、有的谈管理，虽然出发点不同，但是大家都有一个共同的愿望，那就是为了设施农业轻简高效生产。迄今，积累的材料越来越丰富，越来越专业，越来越接地气。许多有价值的内容，应该整理出来，因为那是大家的实践经验，智慧总结，假如不及时整理和出版，惠及更多的人，实在是浪费了。

书中的每一篇文章看似相对独立，但各篇之间都是有联系的。每一篇文章各自成文，方便读者随时翻开阅读，希望读者看到标题有感兴趣的就翻开看看，可能会有某一点涉及产业发展当中的痛点，假如能有这样的效果，那么编者的目的就达到了。实际上，当读者把全书读完之后就会发现，这本书涉及绿叶菜生产中的温室、装备、环境控制、技术管理等各个方面，是个完整的体系。

希望读者通过阅读本书，能够获得最直接、最实用的绿叶菜栽培知识。编者力求呈现的，不仅包括理论与技术参数，也包括图表，让读者能够直观地去了解并掌握绿叶菜生产当中的一些理论操作要点和注意事项。

本书的编写人员都是熟悉生产一线的工作者，有专家、企业家、农场主和市场经营者。他们有个共同的特点，都是务实的工作者。所以读者看到本书，可能会觉得朴实一些，可能是过去没有见到过的风格，但它应该是有用的，当然有些内容，可能还有待商榷。

本书共分三章。第一章是绿叶菜轻简高效生产设施与装备，主要介绍农机、地膜、遮阳网、无土栽培设施等内容；第二章是绿叶菜轻简高效土、水、肥、药管理；第三章是绿叶菜轻简高效栽培各论，主要是挑选了几种典型的绿叶菜进行栽培技术介绍，并找到一些具体实践案例对绿叶菜的一些特殊栽培方式进行了补充介绍。书中每一节后面都列出了该节的主要责任作者。

由于作者众多，水平不一，疏漏或不当之处在所难免，望广大读者多提宝贵意见，不吝赐教。

编　者

2020年6月24日

CONTENTS 目 录

第一章 CHAPTER1

绿叶菜轻简高效生产设施与装备

第一节　基质育苗关键技术与设备

1986年，北京市农林科学院陈殿奎研究员等农业专家从国外引进了一批现代化育苗设备，开启了北京市蔬菜集约育苗产业发展的序幕，之后由于各种原因，产业没有得到迅速发展。随着蔬菜生产技术的提升，消费者对高品质秧苗的需求逐渐增多，2008年北京市开始出现专业的蔬菜集约化育苗场，2011年起，北京市大力发展蔬菜集约化育苗产业，建设市级集约化育苗场，但育苗场的生产品种一直以番茄、黄瓜、辣椒、茄子4种果类蔬菜为主，叶类蔬菜育苗一直没有得到足够的重视。2015年，北京市农业技术推广站开始进行大白菜的育苗移栽技术研究，2016年正式开始推广大白菜育苗移栽技术模式，大大推动了绿叶菜育苗的发展，近年来北京市京郊各育苗场的甘蓝、早春白菜、芹菜、生菜（叶用莴苣）、娃娃菜、大白菜等绿叶菜的育苗量都迅速增加。据不完全统计，2017年，北京市集约化叶类蔬菜育苗量大约0.8亿株，占全市蔬菜集约化育苗量的33.9%，并且有继续增长的势头。

相关业内专家认为，北京市绿叶类蔬菜集约化育苗量增加的主要原因有3个：一是绿叶菜种植户认识到了集约化育苗的优势，原来的散户育苗者或者直播种植者转变为育苗场买苗的客户；二是绿叶菜种植面积相对增加，由于绿叶菜具有种植技术简单、种植周期短、冬季不用加温等优势，菜农更多地种植绿叶菜；三是绿叶菜不耐长距离运输，消费者更喜欢新鲜的绿叶菜，同时绿叶菜作为应急储备的蔬菜品种和北京市自给自足的主要蔬菜品种逐渐得到种植户和消费者的认可，每年大部分绿叶菜品种价格坚挺，保证了种植者的利益，促使很多种植者种植绿叶菜。

一、叶类蔬菜轻简高效基质育苗关键技术

1.种子丸粒化技术

根据2006年孙守如等的有关研究，种子丸粒化技术可使作物种子更加抗风吹、耐干旱，同时更便于机械化播种，符合绿叶菜类轻简化栽培的需要。

值得注意的是，使用种子丸粒化技术时，丸粒化前的种子要确保纯度和净度均在95%以上，纯度与净度越高，丸粒化效果越好。同时种子要有足够的活力，包衣后，种子芽率、保质期等会有一定程度的改变。

以生菜穴盘播种为例：生菜种子粒小，不规则（图1-1），不利于机器精准播种，不能做到一穴一粒（图1-2），可以采用包衣形成丸粒化种子（图1-3），能够更好地适应机器播种的需要，提高播种效率和效果。

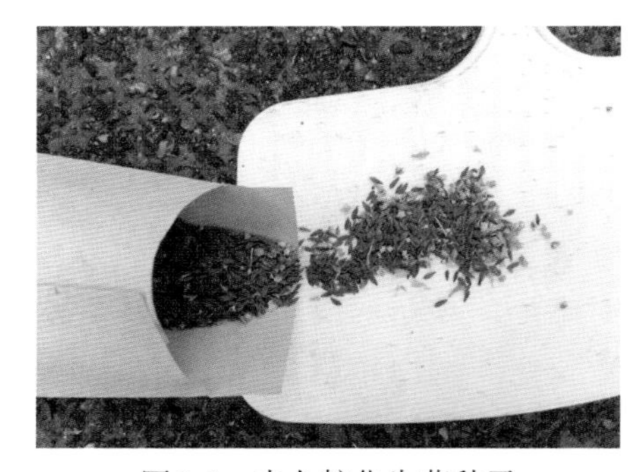

图1-1　未丸粒化生菜种子

图1-2　机械化播种一穴多粒

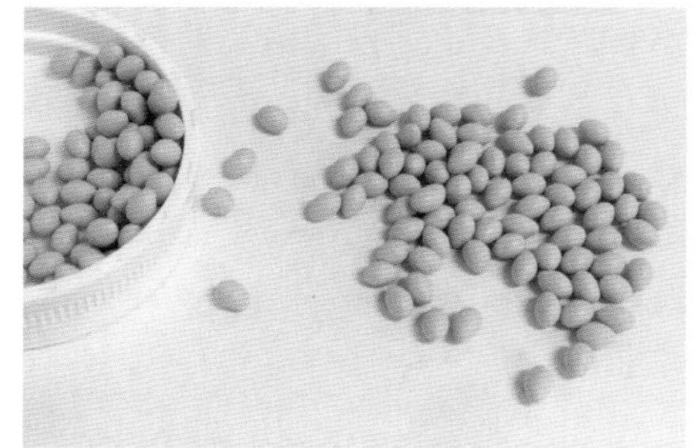

图1-3　丸粒化生菜种子

2.自动化机械播种技术

根据调研得知，在北京市蔬菜集约化育苗技术中，人工成本占到总成本的25%～35%，绿叶菜种子相对较小，播种时需要更多的人工，随着集约化绿叶菜育苗量的增加，播种环节需要的人工也在持续增加。

人工播种理想状态下每个工人工作8个小时大约可以播种1万穴，20万株以上的订单需要多人多天播种才能够保证订单按时完成。自动化机械播

种符合农业现代化的建设要求，符合农村农业的振兴计划，更加符合集约化育苗场的发展需求，在提高播种效率的同时，降低了生产成本尤其是人工成本，同时播种过程具有实用性、可观性、可学性，可以引领行业的发展，起到了示范带动作用。

（1）NS-30型穴盘播种机　NS-30型播种机（图1-4）是一款半自动播种机。采用气吸式播种，手动码放穴盘、自动冲穴、自动播种。可按照穴盘规格挑选安装不同推进杆、播种针杆、种子导管、排式冲穴器和排种机。播种速度受限制于操作人员摆放、码放穴盘的速度，按照工作台的人性化设计，能达到120～160穴盘/小时（105穴）。适用于大部分小粒蔬菜种子，包括不规则形状的种子，播种同质性强、效果好，使用高标准种子，重播率和漏播率均在5%以下。

图1-4　NS-30型穴盘播种机

（2）意大利MOSA的M-SNSL200型全自动滚筒式播种流水线　M-SNSL200型全自动滚筒式播种流水线（图1-5）是从意大利引进，采用滚筒式播种，特别适合于蔬菜种子的大量播种工作，主要由基质填充机（图1-6）、播种机（图1-7、图1-8）、蛭石覆土机（图1-9）和浇水管道（图1-10）4部分组成，配有72穴、105穴、128穴及200穴，4套滚筒及压穴装置，适用于大部分蔬菜种子。流水线设计播种速度为800～1 200盘/小时（流水线长×宽=10 140毫米×1 980毫米）。播种后的穴盘直接摆放在育苗车（图1-11）上，集中催芽或运输到育苗床。

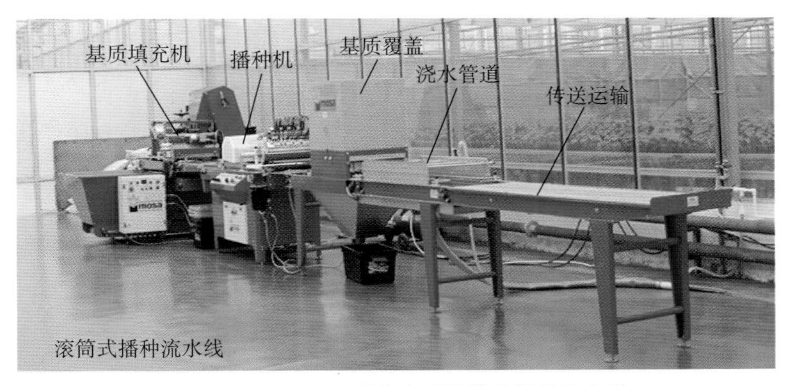

图1-5　M-SNSL200型全自动滚筒式播种流水线

图1-6　基质填充机

图1-7　压穴部件

图1-8　播种部件

图1-9　蛭石覆土机

图1-10　浇水管道

图1-11　育苗车

（3）自动化机械播种与人工播种效率比较　以播种105穴甘蓝为例，都完成装盘、播种、覆土、浇水全套播种程序为基准，试验结果表明，采用半自动播种机和播种流水线可大幅提高工作效率，分别比全人工播种提高效率12.3倍和40.7倍，且设备操作方便，运转流畅，漏播率低，重播率较人工播种分别降低8.53%和10.48%，使用反馈效果较好。

对比试验结果见表1-1。

表1-1　不同穴盘播种方式试验结果

比较内容	播种流水线	半自动播种机	人工播种
每小时播种数量（盘）	500	160	12
漏播率（%）	0.95	1.90	1.90
重播率（%）	0.95	2.90	11.43
播种人工（人次）	3	4	4
播种数量（盘/天）	4 000	1 280	96

（4）自动化机械播种与人工播种成本比较　以甘蓝为例，播种穴盘规格为105穴，不同播种形式的播种准确率均设定为100%；人工费用100元/天，每年按照365天计算，每天工作8小时；半自动播种机（NS-30）购置成本7万元，播种流水线（M-SNSL200）购置成本40万元，均按照使用10年计算；人工每天播种1万穴，半自动播种机每小时160盘，自动化播种流水线每小时500盘；人工播种每天需要3个人工辅助装盘、浇水、运输，半自动播种机需要4个人工辅助装盘、浇水、运输，自动化播种流水线需要3个人辅助装盘、浇水、运输。

从表1-2可以看出，虽然购置半自动播种机和自动化播种流水线一次性投入较大，但是长期比较下来，自动化播种流水线的播种成本最低，半自动播种机的成本是流水线的3倍，而人工播种是流水线播种成本的40倍。考虑到购置播种流水线的成本过高，育苗量为500万～1 000万的育苗场建议量力购置半自动播种机，育苗量1 000万株以上的育苗场建议考虑播种流水线。

表1-2　不同播种机及人工播种成本对比

	人工	半自动播种机	播种流水线
人工费用（万元/年）	14.60	14.60	10.95

（续）

	人工	半自动播种机	播种流水线
机器费用（万元/年）	0	0.70	4.00
播种成本小计（万元/年）	14.60	15.30	14.95
每年播种量（万穴）	365.0	4 905.6	15 330.0
每穴播种成本（元/穴）	0.040	0.003	0.001
倍数关系	40	3	1

3. 自动化播种配套催芽技术

机器播种技术的引进大幅度提高了叶类蔬菜集约化育苗的播种效率，但是使用播种机播种需要使用干种子才能操作，对于不需要催芽的蔬菜品种影响不大，但是对于茄果类或者是出芽困难的蔬菜品种，比如炎热季节的绿叶菜出芽就有了限制。为了提高种子的出芽速度，缩短育苗时间，降低育苗成本，北京市农业技术推广站推荐了配套的催芽技术，可以使机器播种育苗的效率进一步提高。

以北京市农业技术推广站昌平小汤山展示基地催芽室（图1-12）为例：

智能催芽室面积为33米^2，育苗体积90米^3，每间催芽室内可摆放育苗车（图1-13）27台，每台育苗车可以摆放穴盘45盘，双层摆放90盘，单批催芽量18万～30万株。催芽室采用中央空调集中控制方案既能满足夏季降温，又能实现冬季加温，同时还可以做到温、湿度自动调节。

图1-12　智能催芽室

图1-13　育苗车

4. 高效移动喷灌技术

机器播种大大提高了播种效率，但是如果使用自动化播种流水线，本身带有浇水功能，播种量较大时，也需要几天或者几周的时间完成，那么

同一批穴盘苗，第一天播种和最后播种的苗子在生长上就会相差很多，不利于穴盘苗的均匀一致。半自动播种机本身并没有浇水功能，需要播完种后摆放在苗床上，再人工浇水，人工操作更容易导致浇水量不均匀、时间不一致，造成出苗不整齐。

育苗基质较轻，在干燥的情况下不易吸水，需要反复多次浇水才能保证基质全部湿润。集约化育苗场如果采用人工浇水，劳动强度大，浇水时间长，一个工人浇透1亩*地的穴盘苗需要4个小时或者更长时间，既浪费人工又增加了成本。

推广使用移动喷灌车（图1-14）很好地解决了浇水的问题。移动喷灌车的浇水速度是人工浇水速度的8倍以上，一亩地的穴盘苗半个小时之内就可以灌溉完成，工作效率高，且水量均匀，同时灌水保证了种子吸水时间的一致，可以有效地解决由于水分差异造成的出芽不整齐的问题。

图1-14　移动喷灌车

5.定植技术

绿叶菜类蔬菜每亩需要的定植数量较多，且叶片柔嫩，需要更多的人工和更标准的技术定植，下面以生菜为例，阐明绿叶菜类蔬菜轻简化育苗的定植技术内容。

（1）炼苗　温室所培育的绿叶菜苗相对比较柔嫩（图1-15，图1-16），叶片含水量大，定植前需要提前炼苗，炼苗的技术关键点主要为控水、控温、加强通风、加强光照等。

图1-15　生菜成苗（单株）

图1-16　生菜成苗（群体）

*　亩为非法定计量单位，1亩≈667米^2。——编者注

(2) 人工定植　生菜4 ~ 5片叶时可以定植，定植尽量选晴天傍晚进行，定植后要及时浇缓苗水（图1-17，图1-18），根据天气情况缓苗时间为2 ~ 5天，部分穴盘苗的外叶会枯萎脱落，心叶部分保持生长，散叶生菜定植后30 ~ 40天可以采收（图1-19，图1-20，图1-21，图1-22）。

图1-17　定植

图1-18　浇缓苗水

图1-19　露地定植

图1-20　露地生菜成品

图1-21　大棚定植

图1-22　大棚生菜成品

(3) 机械定植 使用机械定植绿叶菜类蔬菜可以大幅提高定植的效率，同时前期要配套适合的畦面整理、底肥施用等技术，目前主要有3类高效移栽机应用较多。

①牵引式2ZB-2型吊杯式移栽机。牵引式2ZB-2型吊杯式移栽机（图1-23），配套30 ~ 50马力*拖拉机牵引，移栽机投苗操作人数2人，拖拉机手1人，在移栽的同时可一机多用完成浇水、铺管和铺膜。

②电动自走式2ZB-2型移植机。电动自走式2ZB-2型移植机（图1-24），采用48伏蓄电池供电，另配3千瓦汽油发电机在电池没电时发电提供动力，操作人员1人，同时负责操控移栽机行走及投苗。

③东风井关2ZY-2A（PVHR2-E18）型蔬菜移植机。东风井关2ZY-2A（PVHR2-E18）型蔬菜移植机（图1-25），采用1.5千瓦汽油发动机提供动力，操作人员1人，同时负责移栽机行走及投苗。

通过研究表明，牵引移栽机可同时进行浇水、铺膜及铺滴灌管工作，

图1-23 牵引式2ZB-2型吊杯式移栽机

图1-24 电动自走式2ZB-2型移植机

图1-25 东风井关2ZY-2A(PVHR2-E18)型蔬菜移植机

* 马力为非法定计量单位，1马力≈0.735千瓦。——编者注

效率高，适合露地大面积蔬菜移栽。电动移栽机株距、行距调节十分方便，但一次充满电只可运行4小时，结构小巧适应大棚作业。井关移栽机栽植效果精度高，前置导向传感器，在不平的地面栽植也可保证栽植深度一致，移栽效果好，有效工作度（纯作业时间占总时间比值、去除修理掉头等时间）高达90%。

二、讨论与展望

1.机械化操作是发展方向

随着绿叶菜育苗量的增加、人工等生产成本的提高，机械化育苗操作必然是绿叶菜轻简高效育苗技术的发展方向，关键技术包括机械化播种、浇水、病虫害防治、定植等环节。为了适应机械化播种技术的需求，种子分选、引发、丸粒化等技术水平都将得到大幅提升，促进育苗技术的机械化发展。

2.播种机购置成本较高

播种机成本较高，年育苗量500万以上的育苗场点可以考虑购置。建议已经购置的育苗场点一方面多开展代播服务，增加播种机的利用率；另一方面成立农机服务组织，让机器动起来，哪里需要播种就到哪里去，也可以提高机器的利用率。

3.播种速度与操作工人相关

在使用自动播种机时，操作人员的操作速度影响了播种机的播种速度，建议在选择操作速度快的工人进行操作的同时进行更专业的技术培训，优化机器播种流程，提高播种效率。

（曹玲玲　北京市农业技术推广站）

第二节　连栋温室绿叶菜工厂化生产
——以小汤山特菜大观园基地为例

蔬菜工厂化生产是指在现代化设施中，在人工控制下，通过采用现代化生产装备、先进技术和科学管理方法来进行生产的方式。根据光照利用类型不同，蔬菜工厂化生产一般分为人工光植物工厂和自然光利用型植物工厂，其栽培形式多采用无土栽培，其中果类蔬菜多采用基质栽培，叶类蔬菜主要采用水培的栽培形式。

目前，世界上应用无土栽培技术的国家和地区已达100多个。以目前设施园艺最发达的国家——荷兰为例，荷兰无土栽培面积占温室栽培总面积的比例超过70%，温室岩棉工厂化栽培的番茄、黄瓜的每亩产量达40 ～ 60吨，比传统露地栽培高10倍，并拥有完善的绿叶菜工厂化配套设施：包括计算机管理系统、温室加温系统、营养液循环系统、灌溉水收集、贮存与水处理系统、产品采摘与传送系统、产品采后包装与预冷系统、保温防寒设备、温室补光设备等。而日本植物工厂通过设施内高精度的环境控制，实现绿叶菜周年连续高效生产，通过计算机自动控制植物生长发育的温度、湿度、光照、CO_2浓度以及营养液等环境条件，使设施内植物生长发育环境不受或很少受自然条件制约，劳动力投入极少。国外发达国家设施农业发展的过程已经表明，以无土栽培为主的蔬菜工厂化生产模式必将成为日后国内设施蔬菜生产的主流方式之一。国内早期的蔬菜工厂化生产模式主要以引进外国的设备技术为主，由于引进设备的成本高，且不适合我国国情，故运转困难。近年来，我国在蔬菜工厂化技术方面投入力度越来越大，技术和设备的引进和消化吸收工作进展很快。

2016年，北京蔬菜播种面积为79.5万亩，其中绿叶菜类蔬菜播种面积为45万亩，占全市蔬菜播种面积的56.6%。同年，北京蔬菜产量280.6万吨，其中绿叶菜类蔬菜产量为155.8万吨，占全市蔬菜总产量的55.5%。绿叶菜因其生产周期短，其补茬口、补应急、补淡季的优势越来越受到重视。近年来，北京绿叶菜产业以优质绿色高效为目标，加快产业转型升级，向产品安全优质、资源高效节约、环境生态绿色的现代化蔬菜产业发展。目前，北京市蔬菜工厂化生产面积740亩，其中绿叶菜类蔬菜工厂化生产面积110亩，占蔬菜工厂化生产的15%。水培绿叶菜种类有散叶生菜、油菜、芹菜、韭菜等20多个种类，其中散叶生菜以其市场接受度高、品相好、丰产、周期短等原因，成为水培主栽种类。近年来，水培绿叶菜已经进入工厂化生产阶段，栽培方式以深液流浮板栽培为主要形式。绿叶菜工厂化生产因其产品品质稳定、产品安全性高、水肥高效利用、均衡供应能力强等特点，成为绿叶菜产业现代化的重要组成部分。

一、主要技术内容

小汤山特菜大观园连栋温室绿叶菜工厂化生产是北京创新生活科技开发有限责任公司与北京市小汤山地区地热开发公司联合进行的利用现代化

温室生产绿叶菜的试验示范项目，采用深液流浮漂板栽培方式，由地热开发公司提供温室设施及水电暖保障，北京创新生活科技公司整体运营管理，并与北京市农业技术推广站合作进行技术研发。现将小汤山特菜大观园东区绿叶菜工厂化生产情况总结如下。

1. 棚室改建

基地2017年2月24日—4月5日新改建了1栋现代化连栋温室，用于绿叶菜工厂化生产。

现代化连栋温室总面积3 423.03米^2，栽培面积2 539.51米^2（其中栽培池2 441.4米^2，占96.14%），利用率74.19%，池子面积占总面积的71.32%，分为生产区、试验区、育苗区、操作区、洗板区等，育苗区280米^2。

生产区分为高架槽式（图1-26）、落地池式（图1-27）。高架槽式：液池距地面65厘米，长22.8米，宽2米，深20厘米，液深8 ～ 10厘米；落地池式：地面砖砌液池，液池高出地面20厘米，液池长22.8米，宽2米，深20厘米，液深10 ～ 15厘米。

图1-26　高架槽式

图1-27　落地池式

2. 关键生产环节

绿叶菜水培采用了深液流漂浮板栽培，主要环节有茬口安排与品种选择、海绵水培育苗、生菜营养液专用配方及营养液管理、营养液增氧、病虫害防治、活体采收等技术。

主要的生产流程为：播种→一次分苗→二次分苗→定植→采收。

（1）栽培茬口与品种　绿叶菜工厂化水培生产采用环境智能监控系统，创造绿叶菜（生菜为主）适宜的生长环境，并选择与环境条件配套的品种生产（如冬春季采用意大利大速生，夏秋季采用芳妮），可实现周年365天不间断生产。

生产品种以奶油生菜福兰德里（瑞克斯旺）、意大利耐热生菜（中科茂华）、皱叶生菜（日本横滨植木）、罗马直立生菜（北京鼎丰现代农业发展有限公司）和散叶生菜芳妮（北京鼎丰现代农业发展有限公司）等散叶生菜为主。少量种植油菜（春油1号、夏帝）、快菜（京研快菜、京研快菜4号）、菠菜（盛菠1号、世纪腾龙）、芹菜（文图拉）等，主要用于试验。

（2）海绵育苗技术　生菜采用海绵水培育苗技术。根据生菜发芽需见光的特性，将种子直接播到88孔海绵块中（图1-28），并在底盘注入清水保持海绵湿润即可，3 ～ 5天发芽。待两片子叶平展至一片真叶露心时进行第一次分苗（图1-29）。从播种到第一次分苗需要7 ～ 10天的时间。当生菜苗长到2 ～ 3片真叶时（图1-30）进行第二次分苗，这期间需要7 ～ 10天。当长到4 ～ 5片真叶时（图1-31）开始定植到60厘米 × 100厘米定植板上，种植密度为15株（图1-32）。

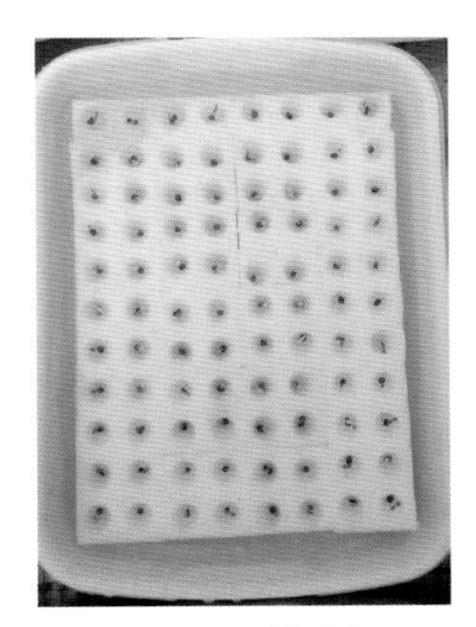

图1-28　播种盘

图1-29　一次分苗苗龄

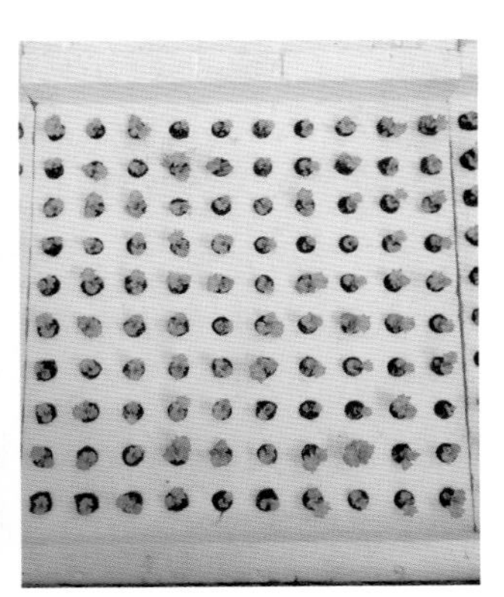

图1-30　分苗板

图1-31　二次分苗苗龄

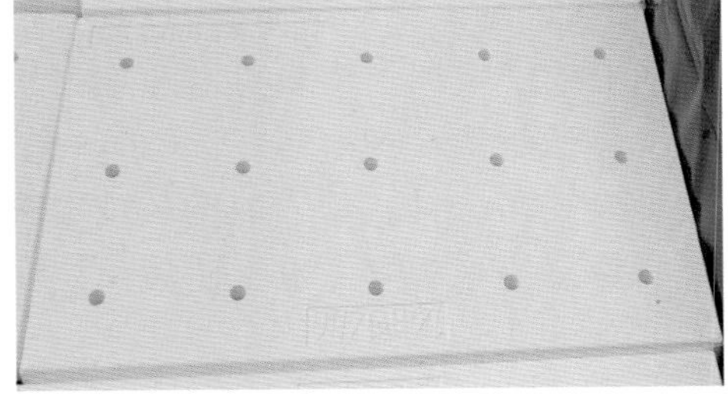

图1-32　定植板

（3）栽培模式　分为高架槽式栽培（图1-33）和落地池式栽培（图1-34）。高架式液面深度8 ～ 10厘米、落地式液面深度10 ～ 12厘米。

图1-33 高架槽式栽培生菜

图1-34 落地池式栽培绿叶菜

（4）生菜营养液管理技术 根据生菜的生长需求，使用配方施肥。营养液管理：EC值在苗期为1.2毫西/厘米，定植一周内为1.5～1.6毫西/厘米，旺盛生长期为1.7～1.8毫西/厘米。pH为5.5～6.5，最适pH为5.8～6.2。

（5）病虫害绿色综合防控技术 采用病虫害绿色综合防控技术，包括选择包衣种子、缓冲间设置（风淋室）、悬挂黄蓝板、防虫网阻隔、营养液消毒循环、及时清理栽培槽等。

（6）营养液增氧技术 为增加深液流栽培中营养液的溶氧量，高架槽式栽培采用循环供液模式，每天上、下午各循环1～2次，每次循环30～60分钟；落地池式栽培槽中增加了增氧机及栽培池中排布氧气输送管道（图1-35），每30～60分钟增氧5～10分钟。营养液增氧技术既增加了营养液的溶氧量，也能使营养液养分供给更为均匀。

图1-35 栽培池中氧气输送管增氧

（7）环境管理

①温度。生菜生产的白天室内温度为20～25℃，夜间温度应保持不超过15℃。营养液温度控制在18～22℃。夏季高温季节易徒长抽薹，采用水帘、风机进行降温，冬季采用天然气加温。

②湿度。空气湿度为75%～85%，水培生菜的湿度很容易被满足。

③光照。种子见光发芽，生菜植株对光照的要求不严格，但紫色、红色品种在连栋温室内不容易上色。长日照时易抽薹，种子发芽后3～6周对光敏感，此时给以短日照处理，可延迟抽薹。

(8) *活体采收*　生菜以“鲜活”为特点，每一株蔬菜带根采收，采用了盘根、无纺布包裹活体采收技术，可使生菜提高新鲜度，延长货架期5～6天。达到采收标准后（如奶油生菜每株150克），带根采收，先将根部缠绕再用无纺布包裹根部（图1-36，图1-37），用水浸透无纺布后装到袋子中，保证根部向下的装箱。

图1-36　生菜活体采收——缠根

图1-37　生菜活体采收——包装

3.技术研发情况

(1) *适宜的绿叶菜种类筛选*　为选择适合进行工厂化栽培的绿叶菜种类，绿叶菜类蔬菜创新团队岗位专家曹之富推广研究员以快菜、油菜、散叶生菜、结球生菜、芹菜、菠菜为参试种类，通过对这6类绿叶菜的生长发育情况、适应性、病虫害发生情况、产量、品质等方面进行比较，周年种植油菜6茬折合产量42.65千克/米^2、快菜5茬折合产量24.65千克/米^2、散叶生菜5茬24.53千克/米^2、芹菜3茬13.05千克/米^2、菠菜4茬11.64千克/米^2、结球生菜3茬11.17千克/米^2。初步结论为：散叶生菜、快菜、油菜生产中能获得较好的产量且田间观察病虫害较少，较适宜采用工厂化模式栽培，其中散叶生菜品种芳妮在夏季栽培中表现较好；芹菜单株重量较小，菠菜叶缘焦黄干枯商品性不好，可能与营养液配方有关，需进一步调整并验证；而试验中结球生菜无法结球形成商品。

（2）*营养液配方筛选* 为摸索科学合理的营养液配方以达到绿叶菜优质、高产的目标，北京市农业技术推广站工厂化生产技术科农艺师李蔚于2017年根据生菜通用配方及生菜生长的营养需求，配制3种营养液进行试验，以散叶生菜为试验对象，定植时将散叶生菜植株置于3种不同的配方中，全生育期保持3种配方EC值及pH一致，测定指标包括：株高、叶片数、根重、根长、单株重量、小区产量、维生素C含量、可溶性糖含量、糖酸比、亚硝酸盐含量。结果表明，在本茬生产所采用的栽培技术和营养液管理条件下，配方1（硝酸铵钙、硝酸钾、硫酸镁、磷酸二氢铵及6种微量元素肥料——铁、锰、锌等）较适用于水培生菜工厂化生产，按照栽培畦面积计算，年产量达43.8千克/米^2；使用配方1需要的水肥相对较少，符合农业节水、节肥发展趋势；在品质指标上，配方1生产的生菜品质最佳。

（3）*手持播种器的研发及应用* 水培绿叶菜每天播种2 000多粒种子，手工播种费时、费眼、费力，绿叶菜类蔬菜创新团队栽培与设施设备研究室岗位专家曹之富推广研究员与张京开研究员共同研发出了手持式播种器（图1-38），可以有效缩短手工播种的时长，提高劳动率。以播种1盘88孔育苗盘的丸粒化种子为例，熟练工手工播种环节需要30 ～ 40秒，熟练工使用手持式播种器播种需要10 ～ 15秒，大大提高了播种效率、降低了劳动强度。

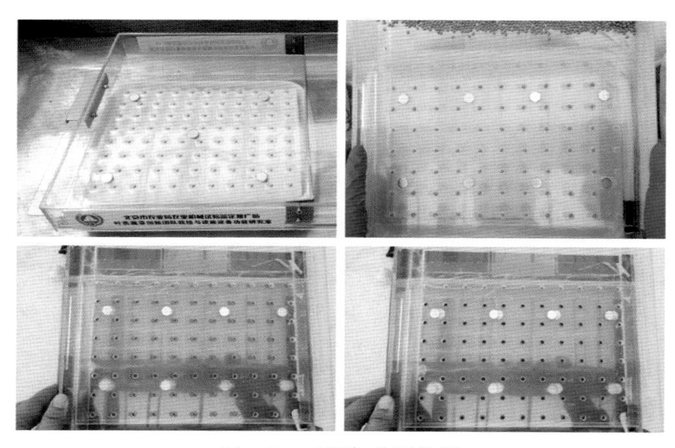

图1-38　手持式播种器

（4）水培生菜周年生产示范　主栽品种：奶油生菜（瑞克斯旺）、意大利耐热生菜（国产、中科茂华）、皱叶生菜（日本横滨植木）。2017年4月5日开始定植，2017年5月2日开始采收，截至2018年4月30日平均产量为21.6千克/米^2。

二、绿叶菜工厂化生产成本效益分析

小汤山工厂化生产的绿叶菜主要通过电商、超市专柜、住宅配送、快餐供应等渠道销售。2017年5月至2018年4月，平均产量21.6千克/米^2，平均单价11.81元/千克，平均产出255.096元/米^2，生产成本合计255.585元/米^2，具体如表1-3所示，投入产出基本持平。

表1-3　绿叶菜工厂化生产成本核算

成本指标	年成本（元/米^2）	在总成本中占比（%）	计算依据
劳务费	72.00	28.17	3 000元/（人·月）×7人×12月÷3 500米^2=72元/（米^2·年）
种苗	22.80	8.92	含种子、海绵及苗盘，2.85元/（茬·米^2）×8茬=22.8元/（米^2·年）
肥料	5.36	2.10	0.67元/（茬·米^2）×8茬=5.36元/（米^2·年）
植保	1.44	0.56	含黄板、蓝板及农药，0.18元/（茬·米^2）×8茬=1.44元/（米^2·年）
加温能耗	64.00	25.04	连栋温室统一加温，平均收费价格
水电	6.86	2.68	2 000元/月×12月÷3 500米^2=6.86元/（米^2·年）
温室骨架折旧	30.00	11.74	连栋温室按30年计提
栽培槽系统折旧	48.125	18.83	落地池按8年计提，高架槽式按10年计提
其他	5.00	1.96	含设备维修、零部件更换等费用
合计	255.585	100	

从生产投入各项指标看，劳务费用、加温能耗及折旧费用占比较高，可根据经济条件，因地制宜选择性价比高的设施（如日光温室或塑料大棚）及栽培槽（如落地池式）进行生产，从而降低折旧成本、减少能耗成本，

同时提高机械化程度，减少劳力成本。从产出方面看，第一年运营处于磨合期，生产尚未完全开展，实际产量较低。按试验区产量可达40千克/米^2，市场售价2～3元/株，折合约15元/千克，理论产出可达600元/米^2，因而在产品销售顺畅的前提下，绿叶菜工厂化生产盈利空间较大，具有较好的市场前景。

三、存在问题

①夏季生产困难。耐热品种相对较少、病虫害尤其蓟马发生严重、营养液温度过高且尚无性价比高的降温措施。

②活体采收包装工序复杂，用工量大，平时生产3 500米^{2}只需要2～3名工人，采收2 000株的时候需要10人。

③配套的机械相对较少，如分苗、采收、清洗栽培浮板等环节相关机械较少。

④生产成本相对较高，其中劳务、加温能耗及折旧费用占比较高。

（韦美嫚　北京市小汤山地区地热开发有限公司）

第三节　深液流栽培设施设备与模式

近年来，绿叶菜类蔬菜因生产周期短，以及补茬口、补应急、补淡季的优势越来越受到重视。但在生产中，普遍存在土地利用率不高、耗水量大、连作障碍严重、劳动强度大、产量效益低、夏冬淡季市场供应不均衡等突出问题。在无土栽培条件下，绿叶菜类蔬菜生长整齐、生育期短，可有效避免连作障碍，因此无土栽培技术已被广泛应用于绿叶菜类蔬菜的高效生产。绿叶菜类蔬菜无土栽培多以水培形式生产，水培根据营养液层的深度、设施结构和供氧、供液等管理措施不同，分为深液流水培技术（deep flow technique，DFT）和营养液膜技术（nutrient film technique，NFT）。DFT技术营养液层较深，一般5～15厘米，营养液的浓度、温度、pH等相对稳定，根际环境缓冲能力大，较适合我国北方季节温差较大的地区。自2017年4月开始，北京市农业技术推广站在小汤山农业科技展示基地开展水培绿叶菜工厂化试验示范工作，以生菜为主栽作物，采用深液流水培模式，实现周年生产。现总结各个环节的关键技术及管理方法，以期对绿叶菜轻简栽培生产有一定指导作用。

一、主要技术内容

1. 温室结构及配套设施

温室位于北京市昌平区小汤山农业科技展示基地，檐高4.85米，脊高5.75米，东西长70米，南北长50米，占地面积3 500米^2，栽培面积约2 460米^2，屋面为中空PC板。加温保温设备有暖气、内保温幕，降温设备主要有水帘、风机、内遮阳、外遮阳，空气循环设备为循环风扇。温室采用自动环境监测及控制系统，实时监测温室内温、湿度及光照强度（图1-39），通过电脑PC端及手机APP调控相关环境控制设备，保证了整个栽培过程的准确性。

图1-39　温室生产与监控

2. 生产配套设备

深液流水培生菜栽培（育苗）系统主要包括贮液池、栽培床、供液及回流系统等。

贮液池采用下挖水泥砖砌制成，用于提供营养液。

图1-40　深液流水培生菜2种栽培床

栽培床采用支架式及落地式2种模式（图1-40）：铝合金架式栽培床距地面65厘米，长22.8米，宽2米，深20厘米，应用限位阀保证液深8 ～ 10厘米；落地式栽培床直接在地面用水泥砖砌成，铺设双层防渗黑白膜，规格尺寸同架式栽培床。

供液及回流系统主要由水泵、定时器、各级供液及回流管道和阀门等部分组成。供液管道利用耐腐蚀的潜水泵将营养液池中的营养液通过各级管道输送到每个栽培床供液管的一端，而回流管道则从栽培床另外一端收集高出限位阀的营养液并回流到营养液池中，使得营养液在整个种植系统中循环流动。

3. 品种选择

目前根据市场需求及气候特点，周年种植的品种主要有奶油生菜（瑞克斯旺）、橡叶生菜（瑞克斯旺）、意大利生菜（中科茂华）。夏季扩大种植的品种选择耐高温的散叶生菜（北京鼎丰、瑞克斯旺）。

4. 播种育苗

从播种到采收均采用水培的方式，播种前将专用海绵用清水浸透，摆放至育苗盘中，一般丸粒包衣种子每个海绵播1粒，其他种子播2粒。通过1 ～ 2次分苗及时扩大植株伸展空间及根系营养面积，一般第一次分苗后密度为400株/米^2，第二次分苗后密度为100株/米^2。

5. 定植

当苗长至4 ～ 5片真叶并充分展开时，进行定植（图1-41）。定植密度以25 ～ 30株/米^{2}为宜，密度过高，植株生长空间狭小，互相挤压容易发生病害；密度过低，则浪费空间，降低产量。夏季植株生长速度快，开展度及单株重均会降低，可适当增加密度，利于空间利用。

图1-41　定　植

6. 栽培管理

（1）水肥管理　水培绿叶菜生产的核心是营养液，营养液管理与产量和产品质量之间有着紧密的关系。生菜生产过程中全生育期营养液的pH维持在5.8 ～ 6.5，不同时期EC值需适当调整，调整策略如表1-4所示。

表1-4　深液流水培生菜EC值、pH管理措施

时期	播种-分苗	分苗-定植	定植第1周	定植第2周-采收前3 ～ 5天	采收前3 ～ 5天-采收
EC值（毫西/厘米）	清水	1.2	1.5 ～ 1.6	1.8 ～ 2.0	1.5 ～ 1.6
pH	5.8 ～ 6.5				

(2) 环境管理

①温度管理。可根据不同生长时期调节温室温度。生菜从播种到分苗前，温室可设置较高的温度，白天20 ~ 25℃，夜间15 ~ 18℃；分苗到定植阶段，可适当降低白天温度，最适温度为15 ~ 25℃；定植后适宜的温度为白天18 ~ 23℃，夜间13 ~ 18℃（表1-5）。夏季可利用天窗、风机、湿帘和遮阳网进行降温，通过自动控制系统控制。冬季温度低时温室需要加温。

②湿度管理。播种到出苗阶段，要维持较高的湿度，湿度控制一般在90%以上，出苗后至采收阶段，相对湿度控制在60% ~ 75%较适宜植株生长（表1-5）。

表1-5 深液流水培生菜温度、湿度管理措施

时期	播种-分苗	齐苗-分苗	分苗-定植	定植-采收
白天温度（℃）	20 ~ 25	20 ~ 25	15 ~ 25	18 ~ 23
夜间温度（℃）		15 ~ 18		13 ~ 18
相对湿度（%）	90 ~ 100		60 ~ 75	

③营养液温度及水溶氧含量。适宜的营养液温度及水溶氧含量可以促进根系吸收营养，水培生菜适宜的液温为18 ~ 22℃，需适时调整温室环境创造合适液温条件，有条件可以采用冷水机降温技术将营养液温度控制在合理的范围。水培生菜适宜的水溶氧含量为4 ~ 5毫克/升。当营养液水温超过30℃时，饱和水溶氧量会下降到0℃水温时的50%，如果没有氧气补充，容易造成烂根现象。目前采用营养液循环方式增加水溶氧含量，策略为每小时供液15分钟（图1-42）。

图1-42 水培生菜健康的根系

7. 采收

植株一般定植后28 ~ 40天采收，温度高时，植株生长迅速，不满30天即可达到采收标准；若温度较低，植株生长缓慢，定植40天后才可进行采收。采收所用工具要保持清洁、卫生、无污染。采收时绿叶菜可保留或切除根部，保留根部时用无纺布将根部包裹缠绕固定（图1-43），浸水处理后放入包装袋，可增加蔬菜新鲜度，缓解绿叶菜短时间容易萎蔫的问题，但相对耗时费工。蔬菜采收后应预冷保存，贮藏温度为0 ~ 1℃，相对湿度为95%以上。

图1-43　水培生菜包装

8. 营养液的更换

循环使用的营养液在使用一段时间以后，需要配制新的营养液将其全部更换。一般根据种植时间来确定营养液的更换时间，用软水配制的营养液，3 ~ 4个月更换一次。

9. 病虫害防治

水培生菜生产周期短，环境条件相对可控，病虫害发生较少。病虫害防治应依照“预防为主、综合防治”的原则，天窗处设置防虫网，温室入口处配备风淋消毒间，以减少病菌及虫卵的进入，温室内张挂黄、蓝板等措施可对粉虱、蓟马等害虫进行有效监测和防治。避免植株损伤染病，及时清除老、弱、病苗，摘除老叶、黄叶、枯叶，清理营养液表面的绿藻，控制初侵染源。

10. 生产成本

连栋温室水培绿叶菜周年生产成本主要包括人工、加温、水、电、生产资料、包装、租金及模式改造折旧（表1-6），其中人工、加温及硬件改造环节成本较高。

表1-6　连栋温室（3 500米²）深液流水培生菜运营投入（周年）

投入项	人工	水、电	加温	生产资料			包装	温室租用	温室模式改造折旧	总额
				种子	肥料	资材				
金额（万元）	25	8	21	12.7	3.36	3	13.6	7	15	108.66

二、结语

通过无土栽培技术可有效提高生产效率，充分利用种植空间，避免土壤连作障害，降低劳动强度，实现蔬菜的集约化、产业化、工厂化生产。本文介绍的深液流水培（DFT）栽培模式，通过现代化农业环境控制技术及配套设施设备开发，可实现水培蔬菜的周年生产及本地化供应。

（李蔚，雷喜红　北京市农业技术推广站）

第四节　轻简化栽培中的农用机械选择

尽管绿叶菜机械化有了较大的发展，但由于受农机生产批量小、绿叶菜品种多、种植方式各异的条件限制，蔬菜机械化与大田机械化相比，发展水平相对落后。

绿叶菜团队近几年主要以生菜、芹菜、菠菜、油菜、快菜这5种作物为主要研究对象。农用机械的选择使用方面也是围绕这5种绿叶菜做了一些探索。

农用机械作为工具，以机器代替人、减轻劳动强度、提高劳动效率为主要切入点，从大田机械直接拿来用于菜田作业为起点，逐渐向菜田专用机械的方向发展。从适合大田作业的机械逐渐向适合大棚和温室的方向发展，随着国外专用蔬菜机械的引进，绿叶菜机械的品种逐渐向多样化发展，从耕种收等主要环节到部分绿叶菜品种向全程机械化的方向发展。

下面从农用机械的分类开始，讨论一下与绿叶菜生产相关的主要农业机械。

一、主要技术内容

NY/T 1640—2015《农业机械分类》将农业机械分为15个大类、49个小类（不含“其他”）、257个品目。大类按农业生产活动环节划分；小类按农业机械的功能划分；品目按农业机械的结构、作业方式、作业对象进行划分，并按其进入农业生产的时间先后进行排序。对多功能机具，按照其主体功能进行归类。如深松施肥播种机，归入播种机械。下表为农机15个大类的分类表（表1-7）。

表1-7 农用机械15个大类分类

大类名称	代码
耕整地机械	01
种植施肥机械	02
田间管理机械	03
收获机械	04
收获后处理机械	05
农产品加工机械	06
农用搬运机械	07
排灌机械	08
畜牧机械	09
水产机械	10
农业废弃物利用处理机械	11
农田基本建设机械	12
设施农业设备	13
动力机械	14
其他机械	15

这是农业机械的具体15大类的分类方法，以下将讨论与绿叶菜生产比较密切的机械。

1.耕整地机械

第一类，耕整地机械分为两个小类，一是耕地机械，二是整地机械。第一小类中又分为9个品目，第二小类又分为9个品目。具体见表1-8。

表1-8 耕整地机械分类

耕整地机械	耕地机械	铧式犁
		圆盘犁
		旋耕机
		深松机
		开沟机
		耕整机
		微耕机
		机滚船
		机耕船
	整地机械	钉齿耙
		圆盘耙
		起垄机
		镇压器
		灭茬机
		埋茬起浆机
		筑埂机
		铺膜机
		联合整地机

在耕地机械中，旋耕机、深松机、开沟机、耕整机、微耕机与绿叶菜关系相对密切（图1-44）。近几年绿叶菜团队研发、引进、示范了微耕机、

微耕机

旋耕机

驱动耙

打地整平机

微耕机配套用旋转式深松机

大棚王配套用旋转式深松机

单行起垄（微耕机配套）

单行起垄铺带覆膜覆土一体机（小四轮配套）

图1-44 绿叶菜生产中的耕整地机械

旋耕机、驱动耙、打地整平机（灭茬旋耕机）、微耕机配套旋用转式深松机、大棚王配套用旋转式深松机等机械装备。

2. 种植与施肥机械

依次类推，第二大类种植与施肥机械分为播种机械、育苗机械设备、栽植机械和施肥机械4小类，分别包括10个、6个、4个、3个共23个品目。如表1-9所示。

表1-9　种植机械分类

大类	小类	品目
种植与施肥机械	播种机械	条播机
		穴播机
		精量播种机
		小粒种子播种机
		根茎作物播种机
		深松施肥播种机
		免耕播种机
		铺膜播种机
		整地施肥播种机
		水稻直播机
	育苗机械设备	种子播前处理设备
		营养钵压制机
		秧田播种机
		秧盘播种成套设备（含床土处理）
		起苗机
		秧苗嫁接机
	栽植机械	水稻插秧机
		秧苗移栽机
		甘蔗种植机
		木薯种植机
	施肥机械	施肥机
		撒肥机
		追肥机

种植与施肥机械中，小粒种子播种机、秧苗移栽机、施肥机与绿叶菜生产结合相对紧密，近几年示范推广的相关机具见图1-45。

双行电动播种机

4行电动播种机

6行电动播种机

10行机动播种机

双行自走式移栽机

小型电动自走式移栽机

4行生菜移栽机

8行（4行）自走式移栽机

图1-45　绿叶菜生产中种植与施肥机械

3. 田间管理机械

第三类田间管理机械包括中耕机械、植保机械和修剪机械3个小类，分别包括5个、9个、4个共18个品目。如表1-10所示。

表1-10　田间管理机械分类

田间管理机械	中耕机械	中耕机
		培土机
		除草机
		埋藤机
		田园管理机
	植保机械	手动喷雾器
		电动喷雾器
		背负式喷雾喷粉机
		动力喷雾机
		喷杆喷雾机
		风送喷雾机
		烟雾灯
		杀虫灯
		遥控飞行喷雾机
	修剪机械	茶树修剪机
		果树修剪机
		割灌（草）机
		枝条粉碎机

田间管理机械中，除埋藤机、茶树修剪机外，其他的机械都或多或少可用于绿叶菜生产中。

4.收获机械

第四类收获机械包括谷物收获机械、玉米收获机械、棉麻作物收获机械、果实收获机械、蔬菜收获机械、花卉（茶叶）采收机械、籽粒作物收获机械、根茎作物收获机械、饲料作物收获机械和茎秆收集处理机械10小类，分别包括7个、5个、2个、4个、3个、3个、3个、11个、8个、4个共计50个品目。具体见表1-11。

表1-11 收获机械分类

收获机械	谷物收获机械	割晒机
		割捆机
		自走轮式谷物联合收割机
		自走履带式谷物联合收割机（全喂入）
		悬挂式谷物联合收割机
		半喂入联合收割机
		大豆收获专用割台
	玉米收获机械	悬挂式玉米收获机
		自走式玉米收获机
		自走式玉米籽粒联合收获机
		穗茎兼收玉米收获机
		玉米收获专用割台
	棉麻作物收获机械	棉花收获机
		麻类作物收获机
	果实收获机械	葡萄收获机
		果实捡拾机
		番茄收获机
		辣椒收获机
	蔬菜收获机械	豆类蔬菜收获机
		茎叶类蔬菜收获机
		果类蔬菜收获机
	花卉（茶叶）采收机械	采茶机
		花卉采收机
		啤酒花收获机
	籽粒作物收获机械	油菜籽收获机

（续）

收获机械	籽粒作物收获机械	葵花籽收获机
		草籽收获机
	根茎作物收获机械	薯类收获机
		甜菜收获机
		大蒜收获机
		大葱收获机
		萝卜收获机
		甘蔗收获机
		甘蔗割铺机
		甘蔗剥叶机
		花生收获机
		药材挖掘机
		挖（起）藕机
	饲料作物收获机械	割草机
		翻晒机
		搂草机
		压扁机
		牧草收获机
		打（压）捆机
		圆草捆包膜机
		青饲料收获机
	茎秆收集处理机械	秸秆粉碎还田机
		高秆作物割晒机
		茎秆收割机
		平茬机

第四类收获机械中只有茎叶类蔬菜收获机、割草机、秸秆粉碎还田机和平茬机四个品目与绿叶菜相关性较强，其他小类与绿叶菜关联性较小。同时绿叶菜收获机械也是国内收获机械的短板，以进口为主，由于其价格偏高，仅处于个别引进状态，推广应用的周期会相当长，且多数适合规模经营，在绿叶菜种植规模到一定程度后，会有所突破和发展。

目前，我国研发、引进的收获机械主要包括韭菜收获机、菠菜收获机、小青菜（地上）收获机、甘蓝收获机、生菜收获机等。

图1-46所示的韭菜收获机适应的行距为30厘米左右，一般种植户不愿意使用这样大的行距，只有大面积生产才适用，转弯半径较大，建议在日光温室中以东西方向种植为宜。这样用起来效率才高。

图1-47所示的菠菜收获机既适合菠菜在垄上播种后的收获，也适合平播和畦播种植后的收获。收获时刀片切入垄顶2 ～ 3厘米的深度，带一些根将菠菜切下来平铺在地面上，人工再捡拾起来，可大大降低劳动强度，提高劳动生产率。

图1-48所示绿叶菜收获机只能从地面以上2 ～ 5厘米的高度收取菜叶部

图1-46　韭菜收获机

图1-47　菠菜收获机

图1-48　几种绿叶菜（地面以上）收获机

分，收获的散叶状的小青菜，适合南方人的口味和饮食习惯，北方人一般不吃这种形态的菜，这种收获方式在北方目前没有市场。

甘蓝收获机械为拖拉机侧牵引收获方式，2018年已经列入农业部示范推广的全程机械化项目之一（图1-49）。

图1-50为一种生菜收获机。履带自走式，履带在垄上走，行距不可调。

图1-49 甘蓝收获机

图1-50 四行生菜收获机

二、结语

以上是农业机械的分类方法、各个品目相关的农业机械在绿叶菜生产中的应用现状，以及近几年绿叶菜团队栽培与设施设备功能研究室在绿叶菜生产中引进、研发改进、示范推广的农业机械化技术的基本情况。主要分类方法参考了NY/T 1640—2015《农业机械分类》农业行业标准。

（张京开，刘旺 北京市农业机械试验鉴定推广站）

第五节 地膜选择与应用

蔬菜种植过程中覆盖地膜有许多好处，主要体现在保墒、增温保温（透光）、降温（阻光和反光）及控制地表径流、减少养分损失等。除此之外，地膜的一些其他功能也越来越受到重视，例如除草、防治病虫害的功能等。地膜的种类主要分：普通地膜、超薄地膜、有色地膜、功能地膜、专用地膜。叶类蔬菜栽培四季都有需求，地膜符合绿叶菜四季种植要求就显得非常重要。

一、主要内容

2018年5月1日，国家标准GB 13735—2017《聚乙烯吹塑农用地面覆盖薄膜》开始实施。和1992年版国家标准相比，新标准将地膜最低厚度从0.008毫米（极限偏差±0.003毫米）提高到了0.010毫米（负极限偏差为0.002毫米）。同时，按地膜厚度范围，配套修改了力学性能指标，防止企业为提高厚度而加入过多的再生料，降低产品质量和可回收性。此外，标准还修改了人工气候老化性能及相应的检测方法。其中，标准第5章的5.1和5.5为强制性内容，特别是地膜厚度极限偏差和平均厚度偏差（表1-12）及地膜的力学性能指标（表1-13）。

表1-12 地膜厚度极限偏差和平均厚度偏差

<table>
<tr><th>标称厚度d_0（毫米）</th><th>极限偏差（毫米）</th><th>平均厚度偏差（%）</th></tr>
<tr><td>$0.010 \leqslant d_0 < 0.015$</td><td>+0.003
−0.002</td><td rowspan="4">+15
−12</td></tr>
<tr><td>$0.015 \leqslant d_0 < 0.020$</td><td>+0.004
−0.003</td></tr>
<tr><td>$0.020 \leqslant d_0 < 0.025$</td><td>+0.005
−0.004</td></tr>
<tr><td>$0.025 \leqslant d_0 \leqslant 0.030$</td><td>+0.006
−0.005</td></tr>
</table>

表1-13 地膜的力学性能指标

<table>
<tr><th rowspan="2">项　目</th><th colspan="3">要　求</th></tr>
<tr><th>0.010毫米$\leqslant d_0<$
0.015毫米</th><th>0.015毫米$\leqslant d_0<$
0.020毫米</th><th>0.020毫米$\leqslant d_0<$
0.030毫米</th></tr>
<tr><td>拉伸负荷
（纵、横向，N）</td><td>≥1.6</td><td>≥2.2</td><td>≥3.0</td></tr>
</table>

（续）

项 目	要 求		
	0.010毫米≤d_0<0.015毫米	0.015毫米≤d_0<0.020毫米	0.020毫米≤d_0<0.030毫米
断裂标称应变（纵、横向，%）	≥260	≥300	≥320
直角撕裂负荷（纵、横向，N）	≥0.8	≥1.2	≥1.5

标准的修订工作既要适应我国的经济发展水平，也应考虑用户和消费者的经济水平，单纯提高标准指标，从而造成产品成本过高，导致价格提升而无法销售，这样既影响了企业的经济效益，标准也得不到认真执行。所以标准的修订工作是在全面调研的基础上，充分考虑使用者和市场的需求，坚持环境保护，推动资源回收利用，提升企业产品质量，淘汰落后产能，规范市场秩序，促进产业和社会可持续发展，并为农业环境的治理、废膜的回收利用以及各地方政府的管理工作起到相辅相成的促进作用。本标准是在查阅国外相关资料后，在国内市场调研的基础上根据我国国情修订。修订后的地膜标准会极大地改善地膜使用对环境及土地造成的污染。

1.日本的标准

在JIS K 6781—94农业用聚乙烯薄膜标准中规定聚乙烯薄膜厚度规格0.02毫米为最低，吹塑法地膜厚度的允许误差为±40%，平均厚度偏差±15%。日本吹塑法地膜局部最薄的厚度点为0.012毫米。日本的地膜一般要使用3～4次，废弃后的塑料地膜不允许焚烧，也不许弃于田间，必须交给有资质的专业回收机构统一处理，利于保护环境。

2.欧盟的标准

在BS EN 13655—2002标准中规定聚乙烯薄膜厚度规格最低为0.010毫米，允许极限负偏差为20%，平均厚度偏差±5%。局部最薄的厚度点为0.008毫米。法国的大田种植中，只有玉米使用地膜覆盖种植技术，但在蔬菜种植生产中使用却相当普遍。

二、地膜的种类与市场应用特点

地膜种类可以分为普通地膜、超薄地膜、有色地膜、功能地膜、专用地膜等。近几年来，有色地膜和两层共挤地膜发展迅猛，不同颜色的地膜对光谱的吸收和反射规律不同，对农作物生长及杂草、病虫害、地温的影响也不一样。

1.普通地膜

普通地膜具有透光、增温、保温、保墒的性能，可达到增产增收效果。缺点是杂草生长旺盛，无法除草，秋季、冬季、春季使用效果突出，夏季使用效果较差，一般应用于玉米、马铃薯、花生、蔬菜、果树等作物种植，秋春绿叶菜类蔬菜栽培防霜地膜（图1-51）覆盖非常重要。普通地膜包括超薄地膜，现在市场需求在60万～70万吨，依然是市场主导，大多数农膜企业都可以生产，质量稳定成熟，价格低廉。宽度：300～5 000毫米都可以生产；厚度：0.006毫米、0.008毫米、0.010毫米、0.015毫米、0.020毫米、0.025毫米、0.030毫米，随着10多年的政府招标推广力度加大，0.010毫米、0.012毫米已经成为市场主导，目前新国标禁止生产超薄地膜。

图1-51　绿叶菜栽培防霜地膜

2.黑色地膜与黑白相间地膜

黑色地膜具有阻挡光传输、防止杂草生长、夏季降低土壤温度、保墒等功能，缺点是冬季增温慢，多用于温暖地区种植。大棚叶类蔬菜栽培已广泛用黑色地膜覆盖（图1-52），不仅有明显促进幼苗生长的作用，而且使绿叶菜类蔬菜不接触土壤，提高蔬菜外观质量。由于黑色地膜在北方地区增温效果较差，就有了黑白相间地膜（图1-53）应用的需求，透明色是为

图1-52　黑色地膜

图1-53　黑白相间地膜

了透光、增温，黑色是为了除草，黑白相间地膜达到一半增温、一半除草的功效。早期黑白相间地膜在应用一个多月后，容易在黑白相间处裂开，现在通过对模具的改进和升级，这个问题基本得到了解决。但是黑色部分由于加入黑母料，使其流动性增加，冷却性能下降，黑色部分的薄膜就会变薄，卷曲后的积累误差比较大，这个问题至今还没有很好的解决方案。另外，黑白相间地膜的透明部分还是会长草，使应用数量受到限制。

黑色地膜应用数量的迅速增长，又带来了很多问题，如黑度不够，会控制不住发芽的杂草生长，经常会出现破洞现象和地膜的提前老化等。有的企业对黑母料了解不够，对黑色地膜应用条件不了解，透明地膜在阳光暴晒下膜温会升到55℃左右，而黑色地膜在阳光暴晒下膜温会升到70℃左右，因此，黑色地膜的耐温性能就显得非常重要，特别是在南方地区的应用，例如在福建、广东、海南、广西、福建、云南、四川等地的高温下，黑色地膜使用效率下降，降温效果不佳，除草不利，热穿孔现象经常发生。

3.绿色地膜和蓝色地膜

绿色地膜属于半透光地膜，保护土壤湿度，绿颜色的光具有传输选择性，防止发芽杂草生长，适当降低光照强度，防止膜下作物烧伤（图1-54）。

蓝色地膜，在弱光照条件下透光率高于普通农膜，而在强光照条件下透光率又低于普通农膜，保温性能良好。适用于绿叶菜类蔬菜育苗，不但成苗率高，而且苗粗壮，能抑制十字花科蔬菜的黑斑病菌生长，有明显的增产保质作用，非常适用于绿叶菜类蔬菜种植，它和绿色地膜一样，属于半降温半增温产品。

图1-54　绿色地膜用于种姜

4.银/黑双层地膜

市场上推广的银/黑双层双色地膜（图1-55），在高温地区逐步替代单层黑色地膜，有逐渐抢占黑色地膜市场的趋势。银/黑地膜银色面能反射大量的光，降低土壤温度，使更多的光照到植物底部，利于果实着色，防止污染的粉虱

图1-55　银/黑双层双色地膜

传播病毒，可以驱避蚜虫，抑制蚜虫的滋生繁殖，银/黑双层地膜黑色面防止杂草发芽，除草效率大于黑地膜，适用于高温高湿地区。缺点是光照透过率极低，寒冷地区低温很难升高。

5. 黄/黑防虫地膜

高温高湿环境作物病虫害都比较严重，采用黄颜色吸引粉虱，有效减少损害农作物的粉虱病毒和虫口密度，不造成农药残留和害虫抗药性，可兼治多种虫害，可防治潜蝇成虫、粉虱、蚜虫、叶蝉、蓟马等小型昆虫，配以性诱剂可扑杀多种害虫。黄/黑防虫地膜（图1-56）保持土壤湿度，保持土壤温度不流失，防止杂草发芽生长。

图1-56 黄/黑防虫地膜

6. 打孔地膜

地膜原来都是铺设完成后，再由农民捅洞再栽培作物，效率极低、劳动强度巨大，而且洞的大小位置都不标准，这样就出现了现在的打孔地膜。打孔地膜分为在线打孔和线后打孔两种方式，在日本打孔技术非常成熟。德国的在线打孔设备非常先进而昂贵。我国的打孔技术才刚起步，还必须学习其他国家的先进技术，在线打孔难度很大，但是效率很高。线后打孔就是要研究如何调整多规格品种，提高生产效率。打孔地膜（图1-57）早期是从日本传入我国的，日本普拉克赠送给我国的在线打孔地膜机组，曾在大连、北京和济南的农膜厂使用，生产的产品主要出口日本，由于当时我国地膜市场对打孔地膜不够了解，所以这些设备最终被淘汰出局。

如今，国内打孔地膜有线下打孔和在线打孔两种，生产效率低下，打孔方式造成维护难度大，对于孔径、孔距、孔排距以及对应的种植作物大多数企业还不明确，应用地区种植要求和环境也不清楚，打孔地膜如何控制土壤水分、控制地温还应该更加明确，很多企业都是盲目推出打孔地膜，所以中国打孔地膜的发展

图1-57 用于绿叶菜种植的打孔地膜

还有很长的路要走。

打孔地膜的应用节约大量劳动成本，主要应用在白萝卜、叶用莴苣、花生、人参、马铃薯、牛蒡、生姜、甘薯、玉米等作物种植，而且种植技术逐步规范化和标准化，地膜制作技术和地膜应用技术及作物种植技术相结合，使得打孔地膜发展前景非常光明。

7.切口地膜

切口地膜（图1-58）主要是防止水分被释放，蒸发量小，高海拔和缺水地区应用效果突出。这种地膜目前在我国还没有，下图是在日本的应用情况。建议在我国高原缺水地区应用，提高种植技术和效果，发挥应有的作用。

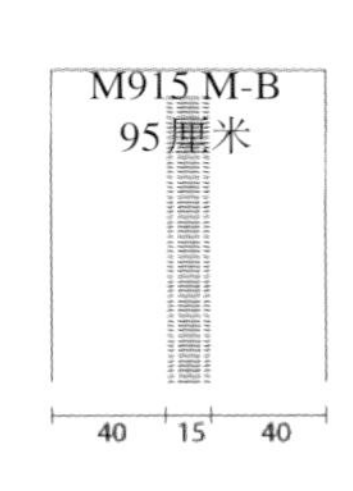

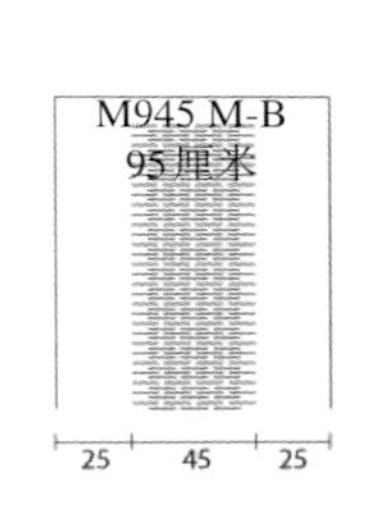

图1-58　切口地膜类型与应用

三、结束语

20世纪80年代，主要应用的都是透明地膜，90年代黑色地膜发展迅速，现阶段黑色地膜已经抢占透明地膜市场达55%以上，今后其他有色地膜会逐步抢占黑色地膜的市场。随着市场竞争加剧，三层共挤地膜将会是下一步的市场发展方向，有色地膜和特种膜在叶类蔬菜栽培中发挥了关键作用，地膜的功能将逐步升级，低端地膜产品产能过剩，竞争将会更加激烈。

（金洪波　天津远大天一化工有限公司）

第六节　遮阳网选择与应用

遮阳网作为一种遮阳降温材料在蔬菜生产中被广泛应用，并由夏秋高温季节应用为主，扩展到全年应用。夏季光照强烈，温度过高，超过作物的光饱和点，对作物光合作用造成抑制。正确选择遮阳网的遮光率，要在蔬菜种植当中引起重视，必须要防范使用误区，同时要重视未来遮阳网的发展趋势。

一、主要技术内容

遮阳网的分类：遮阳网又叫遮阴网、遮光网，近20年来广泛应用于农林渔牧等行业，起到遮光、降温、防风、保湿、挡雨、防雹、防虫、防鸟、改善小环境的作用。它是用高密度聚乙烯5 000S添加色母粒和防老化母粒，经过自动混料、拉丝（图1-59）、编织（图1-60）、成卷、分卷，最后打包成捆或者卷和片而成。现在市场上流通的遮阳网材料有全新料、再生渔网料、再生瓶盖料，还有再生编织袋料，其中再生料做的遮阳网防老化等级比较差。

图1-59　拉丝车间

图1-60　编织车间

遮阳网是近年来应用较为广泛的遮阳降温材料，与其他遮阳材料相比，遮阳网具有抗拉力强、耐老化、耐腐蚀、耐辐射、轻便、透过性可调控等特点，被广泛应用于蔬菜、中药材、花卉以及其他种植行业的遮阳降温上。

遮阳网根据其应用范围可以分为外用遮阳网、内用遮阳网和农用遮阳网；根据其制作工艺可分为针织网和平织网。

1. 温室外用遮阳网

在温室的顶部，高出屋脊0.7米安装外用遮阳网（图1-61），遮阳材料采用透气型遮阳网，遮阳率65%～80%，节能率25%。荷兰的温室材料引入中国后会出现诸多问题，其中缺乏遮阳系统就是最大的问题。我国于20年前开始引入智能温室，那时是专家开路、研发先行，消化吸收了荷兰温

室的结构、铝型材、覆盖材料、通风技术等并本土化，结合瑞典温室遮阳网，从而形成了具有遮阳系统的本土智能温室。采用的遮阳网通常遮光率为70%，采用高密度聚乙烯，经紫外线稳定剂抗氧化处理后制作而成。具有不脱线、抗风力强、防紫外线、抗老化、平整度好等优点，使用寿命可达8年以上。

图1-61　连栋温室外用遮阳网

2. 内用遮阳网

内用遮阳网由特殊的铝箔、聚酯薄膜经高强聚酯纱线编织而成（图1-62）。具有出色的辐射反射和透射功能，能保证白天室温较低，节能效果理想；夜间作物温度和周围环境温度基本相当。良好的室内气候条件避免了叶面结露，减少了病虫害，降低了能源费用。其柔软易折叠，收拢时体积很小，从而保证最大透光率。编织结构便于水汽透过，有效防止下幕布表面结露进而生成苔藓，使用多年后仍能保持清洁。

图1-62　连栋温室内遮阳保温幕

目前，国内的智能温室已经达到相当高的水平，适应国内气候，南到海南岛，北至哈尔滨，形成了南方温室系列和北方温室系列，具有良好的遮阳系统支撑。相反，在荷兰温室大举进入国内市场的时候，却暴露出了其不适应中国气候，因其闷罐结构适应不了中国气候特点，而被迫出现在夏季休种的现象。国产高端智能温室的遮阳系统包括：遮阳系统骨架、电动减速机、外遮阳幕布、托幕线、压幕线、传动轴、拉幕齿轮齿条、齿条推拉杆、支撑滚轮、驱动边铝合金型材、定位卡簧、配重板以及相应连接附件等。

3. 农用遮阳网

与普通的苇帘、纱帘、草帘相比，具有寿命长、重量轻、操作方便、便于剪裁拼接、保管方便、体积小、用时省工省力等优点。遮阳网覆盖栽培与露地栽培相比，平均亩产量、亩产值、亩纯收入分别增长26%、34%、38%左右，使用时应根据不同需要加以选择（图1-63，图1-64）。

（1）颜色　常用的遮阳网有黑色、银灰色、白色、红色、蓝色、绿色等多种颜色。以黑色、银灰色在蔬菜覆盖栽培上用得最普遍。黑色遮阳网的遮光降温效果比银灰色遮阳网好，一般用于夏秋高温季节和对光照要求较低、病毒病害较轻的作物，如伏秋季的小白菜、香菜（芫荽）、芹菜、大白菜、菠菜等绿叶蔬菜的栽培。银灰色遮阳网的透光性好些，且有避蚜作用，一般用于初夏、早秋季节和对光照要求较高的作物，如萝卜、番茄、辣椒等的覆盖栽培。用于冬春防冻覆盖，黑色、银灰色遮阳网均可。

图1-63　遮阳网在育苗中的应用

图1-64　遮阳网在栽培中的应用

（2）遮光率　蔬菜种植当中常用遮阳网的遮光率有80%、70%、60%、50%和40%。在覆盖栽培中根据不同的需要加以选择。如夏播绿叶菜类覆盖栽培的白菜、芥菜、芫荽等，在夏季高温强光照条件下难以正常生长，采用遮阳网覆盖，可明显提高产量和质量。一般选用遮光率相对高一点的遮阳网，春夏茄果类蔬菜延后栽培覆盖，用其覆盖植株生长良好，并能防早衰，防治果实日灼病，一般宜选用遮光率适中的遮阳网。冬春防冻覆盖，选用透光率较高的遮阳网较好，夏秋季育苗或缓苗短期覆盖，多选用透光率不高的黑色遮阳网，为防病毒病，亦可选用银灰网或黑灰配色遮阳网。全天候覆盖的，宜选用遮光率低于40%的遮阳网，或黑灰配色网，或搭设窄幅小平棚覆盖。

在一般生产应用中普遍选用遮光率为60%左右的遮阳网。遮阳网一般的产品幅度为1～8米，最宽的达16米，目前以6米和8米的使用较为普遍。可利用冷棚骨架，覆盖遮阳网进行越夏蔬菜栽培。有的地方直接用竹竿钢

筋骨架扎成小拱棚，进行遮阳网下栽培。

4.制作工艺

按制作工艺分为针织网（图1-65）和平织网（图1-66），平织网又叫交织网。

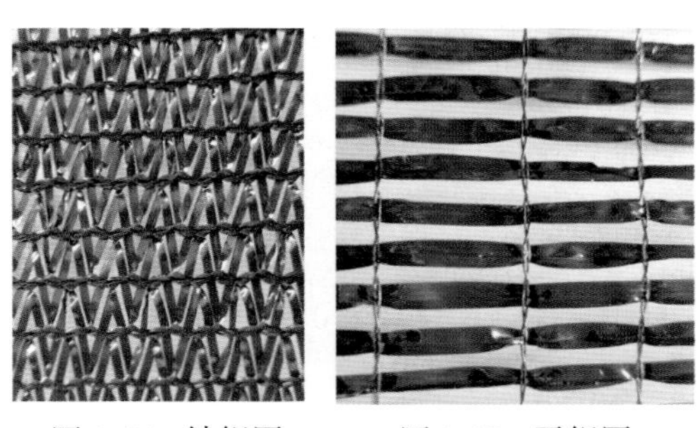

图1-65　针织网　　　　图1-66　平织网

（1）平织遮阳网　平织遮阳网按密度分为50%、60%、70%、80%和90%的遮光率，最高95%的遮光率（图1-67）。平织遮阳网，棚用表现是非常好的，它不吸水，拉力非常好，抗风抗撕裂能力非常强，一般原料的品牌平织遮阳网使用年限都在五年以上。平织遮阳网和针织遮阳网的织造工艺是不同的，产量低，生产成本高。针织遮阳网产量高，生产成本相对较低。

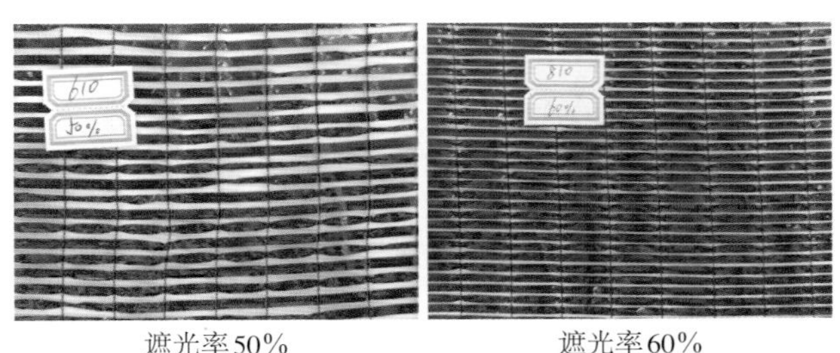

遮光率50%　　　　遮光率60%

遮光率70%

遮光率80%

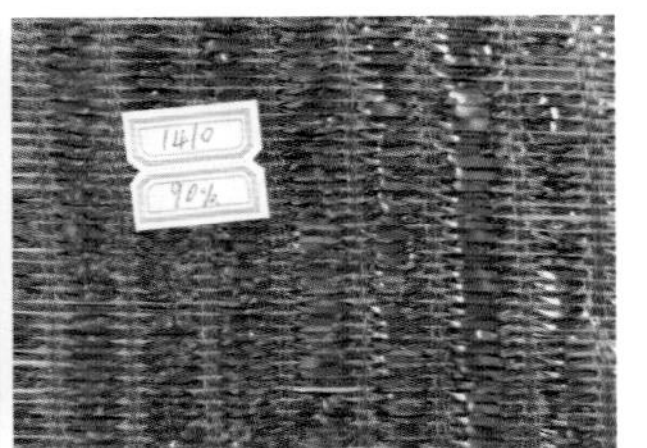

遮光率90%

图1-67　不同遮光率的遮阳网

（2）针织遮阳网　针织遮阳网分为两针、三针、四针和六针（图1-68）。两针就是每个针块上铸有两颗针。一个针块，宽度大概有2.54厘米，由锡铸造而成。由此类推，三针就是每个针块上面有三颗针，四针就是每个针块上面有四颗针，六针就是每个针块上面有六颗针。针织遮阳网的密度不是固定的，稀密度是可调的，两针可以调稀密度，三针可以调稀密度，同样四针、六针都可调。

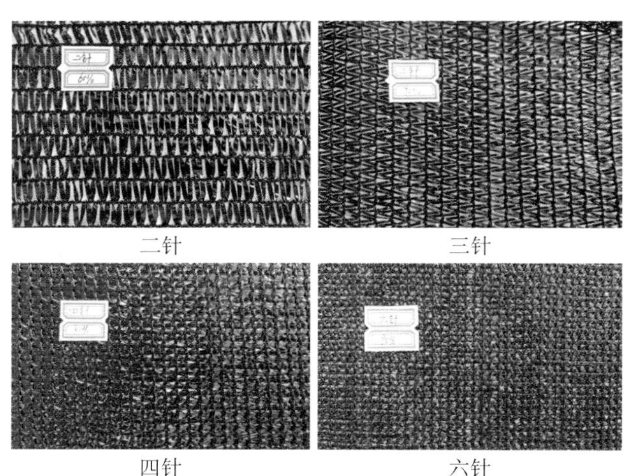

二针　三针

四针　六针

图1-68　不同针织密度的遮阳网

二、遮阳网的应用

夏季6月、7月、8月这三个月光照强烈，超过蔬菜的光饱和点，对蔬菜光合作用造成抑制。同时棚温和地温过高（超过35℃），蔬菜体内大量的水分用来蒸腾降温，其正常生长受到影响，造成减产。这时候使用遮阳网给蔬菜保湿降温。

遮阳网使用的时候可以直接覆盖在棚膜上面，有条件的可以用钢管骨架，把它跟棚膜隔离开，这样的降温效果更好。

图1-69　高密度遮阳网在蔬菜育苗当中的应用

夏季温室大棚或冷棚覆盖遮阳网要根据棚内温度、光照强度、蔬菜品种和生长情况及时上网、揭网。夏季育苗和缓苗时应该使用遮光率高点的遮阳网（图1-69），选择遮光率为80%或90%的

网最好。夏季绿叶菜生长期和茄果结果期应使用遮光率相对较低的遮阳网（图1-70），以遮光率在50%或60%的网为宜。夏季全天候覆盖遮阳网时应选择遮光率更低的遮阳网，选择遮光率在30%或40%的网比较适合（根据实际情况决定）。

图1-70　低密度遮阳网在蔬菜栽培当中的应用

冬季也可以用于防雪、拉雪。遮阳网用于防雪和拉雪，在辽宁凌源地区比较多见，凌源地区的种植户已经习惯用遮阳网拉雪。到了冬天，把遮阳网覆盖在棚被外面，下雪下到一定厚度，把遮阳网往下一拉，雪就跟着下来了，之后再把遮阳网覆盖好，雪到了一定厚度再往下拉。省去了用人工铲雪或者扫雪的时间和费用。

图1-71　遮阳网扣的使用

遮阳网扣的应用：遮阳网扣可解决固定遮阳网的难题，降低外力对遮阳网的损伤。遮阳网扣固定在遮阳网上面（图1-71），就不用往下拆卸，随时用随时往上面拴绳子就行。

平织遮阳网的抗撕裂能力比较强，带加密边，40厘米带一条加密带，同等密度克重轻，不吸水，抗老化能力强。平织遮阳网棚用上面表现是非常好的，它不吸水，拉力非常好，抗风、抗撕裂能力非常强，一般原料的品牌平织遮阳网使用年限都在5年以上。

三、遮阳网的使用误区

使用遮阳网的菜农，购买遮阳网时极容易购买遮光率较高的网，他们会认为遮光率高了凉快。但是遮光率过高产生棚内光照弱、作物光合作用降低、茎秆细弱、徒长等问题，使作物减产。因此，选择遮阳网时尽量选择遮光率低一点的，如果覆盖上就不再移动时应选择遮光率更低的。购买遮阳网时，应选择品牌产品，确定大棚上使用保用5年以上的产品。还要考虑市场上购买的产品是否足宽、足长的问题。

遮阳网有个特点是很容易被使用者忽略，它有热收缩的特性，第一年收缩得最多，大概5%左右，以后逐渐就很少了。随着它的收缩，遮光率也会增加，所以用卡槽固定时要考虑它的热收缩特性。热收缩会造成遮阳网撕裂（图1-72），这种情况是因为使用卡槽固定，固定得太紧造成的。用户不知道遮阳网会有热收缩的这个特性，没有预留收缩空间。遮阳网有5%的热收缩率，使用时太阳暴晒加热后就会收缩，但不会持续收缩。

图1-72　发生撕裂的遮阳网

四、遮阳网的未来发展趋势

彩色遮阳网的用途：以色列的科学家在2000年以后就开始研究彩色遮阳网在农业种植方面的应用（图1-73），不同颜色可对作物产生不同的影响。彩色遮阳网是一组光波过滤网，它可以通过光谱管理特征控制营养和作物生长。不同地区、不同季节、不同作物有不同的光谱需求，我们根据以色列农业专家的实践经验，逐步地验证推广彩色遮阳网。遮阳网未来的发展以彩色为主，不同的颜色有不同的作用。

以色列珀利萨克公司生产的红色遮阳网（图1-74），有助于根系生长，促进作物生长，增加收成，提前花期和成熟期。红色遮阳网，目前在国外的水果种植上应用非常广泛，它在防止水果晒伤上表现优秀。

白色遮阳网（图1-75）具有反光、散射光，增加光通量，使作物不发生

图1-73　彩色遮阳网的应用

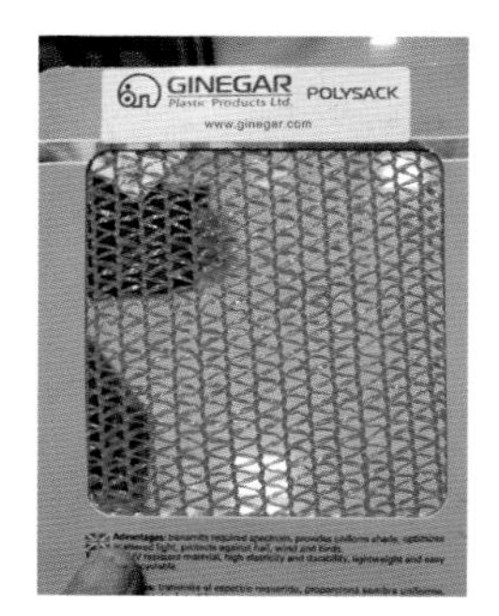

图1-74　珀利萨克公司的红色遮阳网

图1-75 白色遮阳网的应用

徒长的作用。现在我们主要试验推广的也是白色遮阳网，今后会验证银色遮阳网的作用。目前白色遮阳网的效果比较突出，应用前景也比较广泛。白色遮阳网在草莓育苗上的应用表现为使用白色遮阳网草莓苗不徒长。现在我们在草莓的育苗和草莓的种植上都有应用，效果非常不错，反响也非常好。

在草莓种植当中使用30厘米宽的白色遮阳网，把草莓果和黑地膜隔离（图1-76），减少烂果和灰霉病的发生，提高商品率。蓝色遮阳网有减缓作物生长、延缓花期、使作物枝条矮化紧凑的作用。

现在我们也在积极地跟以色列农业科学家进行沟通，向他们学习，争取早日学习到他们的技术和使用经验，为国内农业种植技术作出贡献。

遮阳网的种类型号很多，希望大家合理选择，确保正确使用，达到最佳的使用效果。

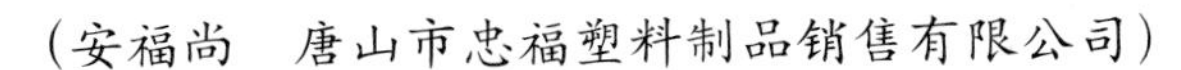

（安福尚 唐山市忠福塑料制品销售有限公司）

图1-76 30厘米白色遮阳网在草莓栽培当中的应用

第二章  CHAPTER2

绿叶菜轻简高效土、水、肥、药管理

第一节　土壤板结问题与改良

土壤是蔬菜作物赖以生存的基础，土壤理化性状对蔬菜的生长尤为重要。设施土壤由于不合理施肥、长期浅层耕作、不合理灌溉、地膜清理不干净、耕作过程中的人为镇压等原因，土壤团粒结构容易受到破坏，极易发生土壤障碍，其中土壤板结是设施蔬菜常见的土壤障碍之一，其产生的主要原因主要有以下几种：一是长期过量施用化肥，土壤次生盐渍化，破坏土壤胶体，导致板结。二是长期浅层耕作，设施蔬菜主要以浅根系作物为主，又受限于大型深翻农机操作，特别是叶类蔬菜复种指数高，长期浅层耕作，土壤团聚体被破坏；加上不合理灌溉，使得表层细粉土壤在干湿过程中形成板结。三是地膜等塑料制品没有清理干净，在土壤中无法完全分解，容易形成有害的块状物，造成板结。土壤板结会危害作物，使植物根系呼吸受阻、不能正常发育，影响作物对养分的吸收。

目前，关于设施菜地土壤板结的改良大多停留在多施有机肥、合理施肥等，缺乏完整的改良措施以及配套的材料和农机具。因此，本文着重介绍适合设施绿叶菜生产为主的设施大棚深翻农机、土壤板结修复技术及几种修复材料的应用效果。

一、土壤板结修复方法

1.适合设施深翻农机具改进与效果对比

设施土壤由于处于封闭状态，复种指数较高，土壤“疲劳不堪”，长期浅耕和不合理施肥，土壤退化、板结严重，致使10厘米以下的土壤因缺乏有机质，结构劣化，造成作物生长困难，大幅度减产。北京市农林科学院和北京市农业机械试验鉴定推广站共同研究土壤深松机械，以北京设施农业常见的田间旋耕机（多力 1WG－6.5Q）为基础，从刀口的长度和角度进行改进，降低机器负荷，减少刀具的数量，并增加刀具的间距和保护装置。采用改造后的微耕机进行土壤深翻，旋耕深度能达到30厘米左右，与常规翻耕机相比耕层深度明显增加（图2-1），从而有利于改良土壤板结，增加耕层厚度（表2-1）。

筛选旋耕机　旋耕机刀头改造　改造样机

深翻试验　深翻效果对比（左常规翻耕20厘米左右，右深翻可达30厘米左右）　铁锹掷入土壤深度对比（左常规翻耕，右深翻）

图2-1　土壤深翻机改进与效果对比

表2-1　机器相关参数

指标	参数
外形尺寸	1 610厘米 × 1 150厘米 × 1 080厘米
刀辊总安装刀数	16 ~ 24把
幅宽	115厘米
耕深	16 ~ 30厘米
发动机型号	（1WG－6.5Q）EY28B风冷汽油发动机
12小时标定功率	6.5千瓦
传动方式	皮带—齿轮组—链条
作业速度	0.5 ~ 1.5米/秒
生产率	≥0.073公顷/小时
挂接形式	销轴

2.设施土壤板结修复技术

(1) 采用不同有机物料对土壤板结修复

①材料与方法。试验供试作物为油菜，试验区为顺义有机种植园区，有机肥作为底肥一次施用，不追肥。

设置6个不同类型的有机物料：CK、生物炭、鸡粪、羊粪、鸡粪+海藻有机质、生物炭+鸡粪，各处理用量如表2-2。

表2-2 用 量

处理	用量（千克/米^2）
CK	0
生物炭	2
鸡粪	1.5
羊粪	1.5
鸡粪+海藻有机质	1.2 + 0.0042
生物炭+鸡粪	1 + 1.5

②结果与分析。对土壤容重和紧实度的影响（图2-2）：施用生物炭及不同类型的有机肥0 ~ 20厘米土壤容重显著降低；生物炭对0 ~ 20厘米土壤容重降低作用高于鸡粪和羊粪单施，并且优于生物炭+鸡粪配施，原因可能与配施下生物炭用量减少有关；海藻多糖与鸡粪配施相比鸡粪单施差异不显著，可能在于海藻多糖用量少，还不足以对土壤容重产生影响。土壤紧实度随着土壤深度增加而增加，生物炭与有机肥能有效降低0 ~ 15厘米土壤紧实度，

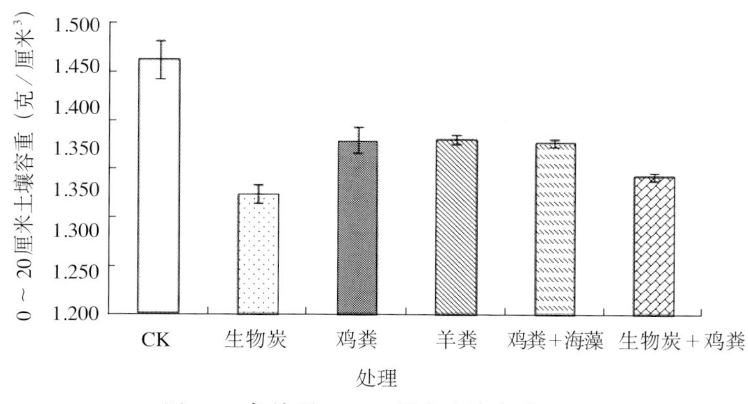

图2-2 各处理0 ~ 20厘米土壤容重

降低趋势与土壤容重一致，而20厘米土层土壤紧实度显著提高，这主要是由于该设施地块长期翻耕深度为15厘米左右，20厘米处有一层致密的犁底层。

③结论。施用有机肥或有机物料有效降低土壤容重和紧实度，在设施土壤培肥与改良上，有机肥选择上应以羊粪为宜，含盐量高的有机肥可复配一定比例生物炭混合施用效果较好。

（2）不同有机物料配施对土壤板结修复

①材料与方法。试验在北京市大兴区长子营镇长子营镇现代农业示范基地进行；供试作物：生菜（射手101）。

试验在2个棚分别进行，处理如下。

棚1试验设置为：对照、生物炭（10吨／公顷）、沼渣（75米^3／公顷）、稻壳鸡粪（75米^3／公顷）、牛粪（75米^3／公顷）。每个处理设置3次重复，各处理有机肥以底肥一次性施入，追肥采用水溶性肥料，各处理水肥一样，追肥为$N-P_2O_5-K_2O$含量为30-10-10，水溶肥225千克/公顷。采用常规翻耕。

棚2试验设置为：对照、沼渣（120米^3／公顷）、沼渣（60米^3／公顷）＋稻壳鸡粪（60米^3／公顷）、沼渣（60米^3／公顷）＋牛粪（60米^3／公顷）。每个处理设置3次重复，各处理有机肥以底肥一次性施入，追肥采用水溶性肥料，各处理水肥一样，追肥为$N-P_2O_5-K_2O$含量为30-10-10，水溶肥225千克／公顷。采用深翻农机深翻处理。

②结果与分析。不同有机物料处理对0～20厘米土壤容重的影响（图2-3）：施用有机肥降低0～20厘米土壤容重，棚1生物炭、沼渣、鸡粪和牛粪土壤紧实度分别降低5%、6%、6%、5%；棚2沼渣、沼渣＋鸡粪、沼渣＋牛粪土壤容重分别降低11%、15%、9%。各有机肥之间存在差异，棚1中，沼渣的效果最好，其次是稻壳鸡粪和生物炭，牛粪与对照之间差异不显著，表明含有较粗秸秆类物质对改良土壤板结效果较好；棚2中沼渣＋稻壳鸡粪效果又好于单施沼渣。

不同有机物料处理对土壤紧实度的影响（图2-4）：施用有机物料降低设施土壤紧实度，其中以0～20厘米土壤紧实度降低明显。其中，棚1土壤紧实度在20厘米处迅速增加，并在30厘米处开始降低，表明该棚在20～30厘米处土壤有明显犁底层，而棚2土壤紧实度0～45厘米都呈缓慢上升趋势，表明20～30厘米处没有明显犁底层，深翻有效破除设施土壤犁底层。两个棚有机物料处理0～20厘米土壤紧实度都比对照降低。

③结论。化肥不设处理情况下，底施有机肥和有机物料对生菜单棵重没有显

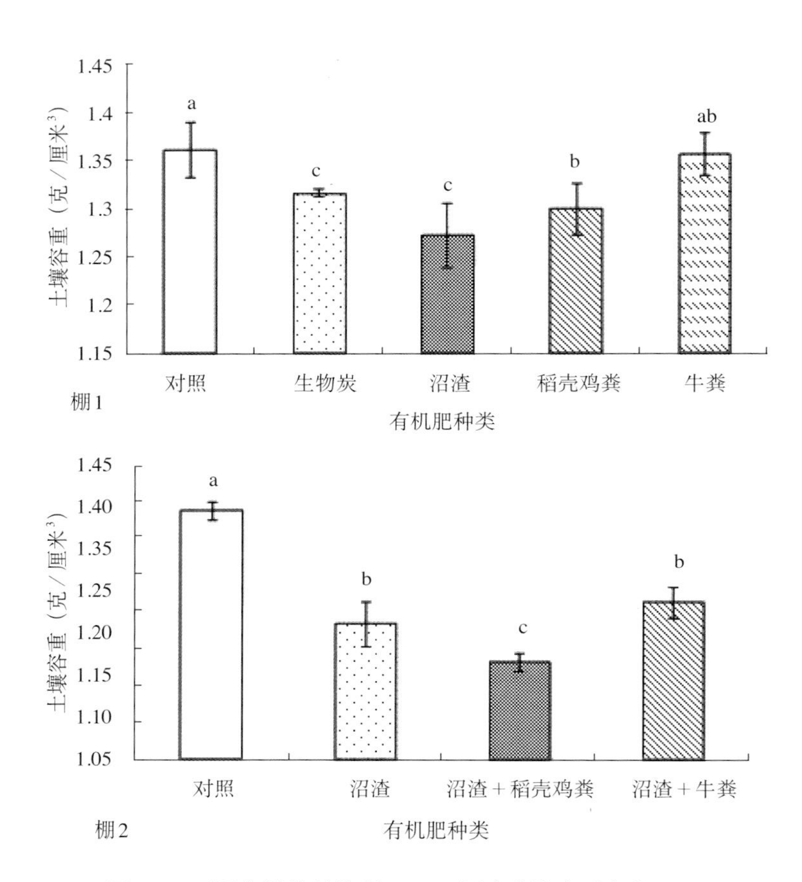

图2-3　不同有机物料处理0 ～ 20厘米土壤容重变化

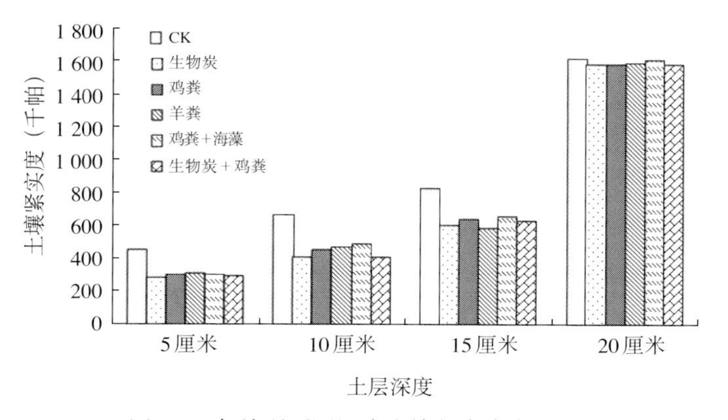

图2-4　各处理不同深度土壤紧实度变化

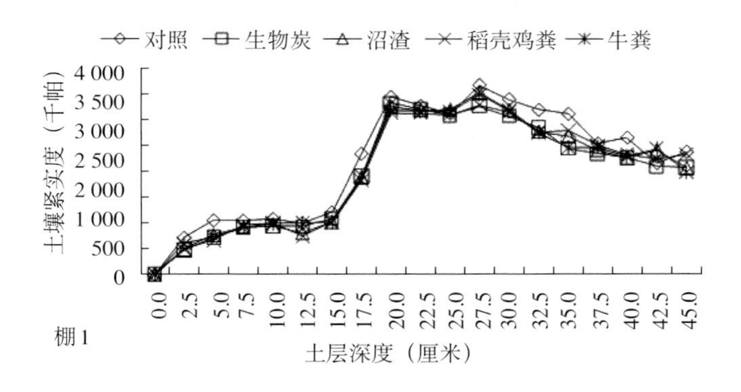

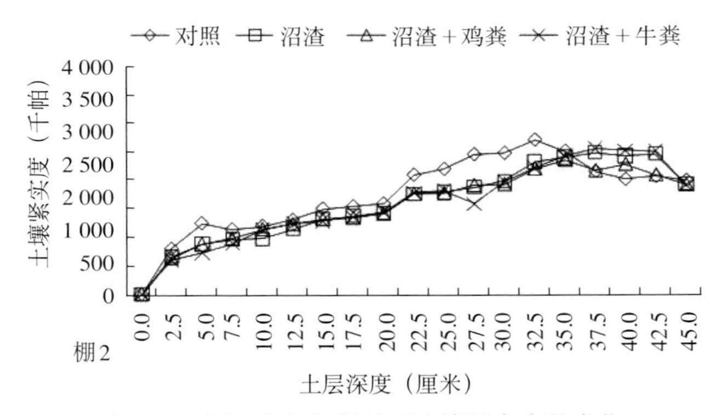

图2-5　不同有机物料处理土壤紧实度的变化

著影响，但可以有效降低0～20厘米土壤容重和紧实度，不同有机肥源对土壤容重和紧实度改良效果存在差异，施用沼渣优于等量鸡粪和牛粪，与施用10吨/公顷生物炭之间没有显著差异，利用当地沼渣来源，沼渣配施其他有机肥也有较好的效果；从2个棚土层紧实度变化看，设施大棚由于长期浅耕种植，在20厘米处形成犁底层，需要施用有机肥，配合深耕深松技术，可以改良和培肥土壤。

二、结论

土壤板结是设施蔬菜特别是绿叶菜种植中主要限制因子之一，需要对土壤板结进行综合评价并制定综合修复措施。设施土壤板结的修复首先必须打破土壤犁底层，使土壤得到深翻深松，选择适合在设施条件下的农机具进行深翻深松至关重要，选择高碳含量有机物料、有机肥等，配合深翻农具进行深翻深松是进行土壤板结修复的综合措施之一。

（廖上强　北京市农林科学院植物营养与资源研究所）

第二节 农业节水实用技术

我国水资源人均占有量2 150米^3，为世界人均水资源占有量的25%，是一个严重缺水的国家。随着人口的持续增加，缺水形势会更加严峻，人均水资源占有量可能会逐渐降至1 700米^{3}的警戒线。此外，我国的水资源还存在时空和季节分布不均的问题，华北和西北地区的季节性缺水问题尤为严重。

农业是用水大户，也是节水潜力所在。水是绿叶菜类蔬菜生产的基础。绿叶菜的生长及代谢调节均需水分的参与。掌握合理的需水规律及灌溉生理知识，推广农业节水实用技术，对绿叶菜节水高效生产和农业环境保护具有重要意义。

一、需水规律

绿叶菜的灌溉管理中，各生育阶段的需水量和作物系数是指导灌溉的重要参数。需水量估算最常采用的两种方法是水量平衡法和气象数据模拟法。

1.基于水量平衡法计算的作物需水量

（1）土壤贮水变化量

$$\Delta W=Qi_2-Qi_1=(\theta v_2-\theta v_1)\times H_i \quad (a)$$

式（a）中，ΔW为土壤贮水变化量，单位为毫米；Qi_1和Qi_2分别为测定时段起始和结束时第i层的水层厚度，单位为毫米；θv_2和θv_1分别为测定时段起始和结束时第i层的土壤体积含水率，单位为%；H_i为第i层土壤厚度，单位为毫米。

（2）灌溉量

$$Id=Iv\times 1\,000/S \quad (b)$$

式（b）中，Id为深度灌溉量，单位为毫米；Iv为体积灌溉量，单位为米^3；S为灌溉区横截面积，单位为米^2。

（3）需水量

$$ETc=Id+P+\Delta W-R-Sd \quad (c)$$

式（c）中，ETc为需水量，单位为毫米；Id为时段内灌溉量；P为时间内降水量，温室内可忽略不计；ΔW为贮水变化量；R为径流量，平原地区可忽略不计；Sd为上下边界径流通量，土壤含水量控制在适宜范围内时可假设为零。在上述各变量假设情况下，公式（c）转化为：

$$ETc=Id+\Delta W \quad (d)$$

2.基于气象数据和P-M修正模型计算的作物参考需水量

这是遵循作物需水规律进行全生育期灌溉管理的技术。该方法根据采集到的气象数据计算得到参考需水量，进一步根据作物生育阶段系数，确定实际需水量。近年来，虽有部分蔬菜需水研究的报道，但有关绿叶菜需水规律的研究不多，这与绿叶菜大面积种植与快速发展的趋势不匹配。以下是设施温室可用的基于P-M修正模型计算作物参考需水量的过程：

$$ETog=[0.408\times\Delta\times(Rn-G)+\gamma\times1\,694\times(ea-ed)/(T+273)]/(\Delta+1.64\gamma)$$

式中，$ETog$为温室环境下的参考需水量，单位为毫米；Rn为作物表面净辐射，单位为千焦/（米^2·天）；G为土壤热通量，单位为千焦/（米^2·天），以天为单位计算时，土壤热通量可忽略；γ为干湿表常数，单位为千帕/℃；ea和ed分别为饱和水汽压和实际水汽压，单位均为千帕；T为日平均温度，单位℃；Δ为饱和水汽压与温度关系曲线的斜率，单位为千帕/℃。

$$ETc=ETog\times Kc$$

式中，Kc为特定绿叶菜品种的阶段作物需水系数。

笔者采用气象数据模拟法测算了温室芹菜主要生育期的需水特性（图2-6），测得的芹菜苗期、叶丛初期、叶丛中期和叶丛后期的需水强度分别为1.128毫米/天、1.917毫米/天、1.405毫米/天和2.212毫米/天，需水量分别为30.46毫米、51.77毫米、63.23毫米和79.63毫米，作物系数分别为0.418、0.385、0.571和0.565。

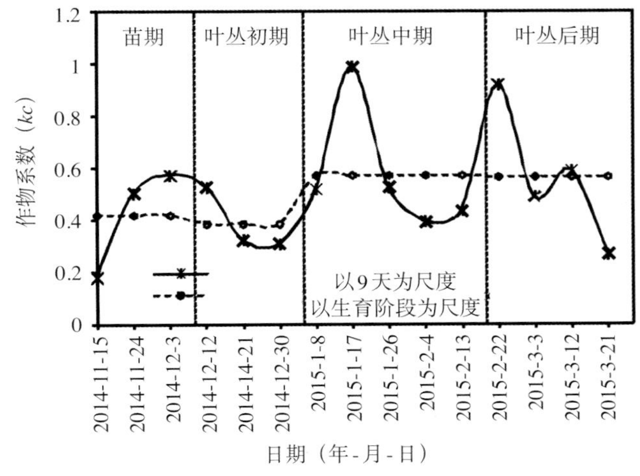

图2-6　芹菜作物系数随时间的变化规律

二、节水灌溉技术

绿叶菜生产目前比较常用的节水灌溉技术主要有滴灌和微喷。未来的发展方向是能充分挖掘生物节水潜力的非充分灌溉技术。

1．滴灌和微喷

与传统大水漫灌技术相比，滴灌和微喷灌溉技术省水幅度可达50%～80%，并且有助于设施环境温、湿度控制和构建良好的土壤根际微生物群落结构。

滴灌：布设好滴灌带后，以少量的水定时定量供应作物根系，能实现水分按需供应，虽然存在一次性投入成本高和年度维护费用的问题，但因节水、高效、优质和助力高产方面的比较优势，仍然是绿叶菜生产中普遍采用的一种灌溉方式。也有一些生产经营者选择微喷灌溉的方式，这种方式借助输配水管道、通过微喷头将灌溉水均匀准确地喷洒在绿叶菜上，投入和维护成本较低，相对于漫灌和喷灌仍然具有明显的比较优势（图2-7）。

图2-7　绿叶菜生产中常见的节水灌溉方式

2.非充分灌溉技术

非充分灌溉技术主要涵盖3种方式，分别是基于生理需水调控的调亏灌溉技术（RDI）、部分根域干燥技术（PRD）和分根交替灌溉技术（ARDI）。

（1）RDI　灌溉水量供应亏缺并不总是降低作物产量，早期及后期适当控制水分可有效提升作物产量和水分利用效率。调亏灌溉的幅度因具体的作物类型和生育阶段不同而异。

（2）PRD　作物生长时控制一半根区总不灌水，另一半根区充分灌水，这种节水灌溉技术能减少总的灌溉水量，减少营养生长消耗，充分挖掘作物的生物节水潜力，实现节水丰产。但该技术的效果不及ARDI。

（3）ARDI　对作物采取部分根区灌溉，部分根区不灌溉，下次灌溉时再颠倒过来灌溉上次未浇过的根区实现交替灌溉。这种灌溉技术可以使植物部分根系始终得到充分灌溉，保证生长需水；另一部分根系则感受到缺水，产生水分胁迫信号，实现气孔调节。由于灌溉主要在土壤表面，所以交替灌溉可以有效减少棵间无效蒸发，从而减少非生物耗水。这种灌溉方式的节水潜力巨大。

3.栽培节水技术

具体涵盖品种节水技术、耕作保墒节水技术、覆盖保墒节水技术、水肥耦合节水技术和化控节水技术等。

（1）品种节水　不同绿叶菜类型及同一类绿叶菜不同品种间在水分利用能力方面存在差异，筛选节水型品种有助于提升单位水分的生物质产出量，减少灌水投入。

（2）耕作保墒节水　耕作保墒是一项重要的抗旱的重要措施，主要通过应用耕、耙、锄、压等一整套有效的土壤耕作措施，改善土壤耕层结构，使其更好地纳蓄灌水，尽量减少土壤蒸发和其他非生产性的土壤水分消耗，为作物根系创造出良好的水肥气热根区环境。

（3）覆盖保墒节水　覆盖秸秆和地膜可以起到保墒、促根的作用。秸秆覆盖能有效降低绿叶菜的耗水系数和棵间蒸发。覆盖地膜能阻断水分垂直蒸发，有效抑制土壤水分无效蒸发，增加土壤储水量。

（4）水肥耦合节水　与灌水和施肥技术相比，水肥耦合技术在减少水分损失、增产提质和规避农业环境污染方面的正调控作用更明显。该技术从时间、数量和方式上对水和肥进行合理配合。根据肥料投入确定水分投入的以肥定水方式，以及根据水分投入确定肥料投入的以水调肥的方式均有利于发挥水与肥之间的协同效应，以最少的灌溉水和肥料投入，实现高产高效。

（5）化学抗旱节水　包括保水剂和抗蒸腾剂的使用。保水剂是理想的节水材料。系列产品包括：淀粉类、纤维素类、聚丙烯酸类、聚丙烯酰胺类、氨基酸类、壳聚糖类、腐殖酸类、高岭土类、膨润土类、有机－无机复合类及多功能化产品（图2-8，图2-9）。

图2-8　聚丙烯型保水剂

图2-9　腐殖酸型保水剂

保水剂可以增加水分入渗、抑制水分蒸发。农田用量10 ~ 100千克/公顷，最佳浓度因土壤和作物类型不同而异。施用深度建议在土层10厘米以下、10 ~ 60厘米深度，以防止表层聚集后被光降解。宜施在根系主要分布层，以最大程度发挥效用。

抗蒸腾剂的应用致力于提高单位蒸腾水的光合物质产出，应用后能起到降低植物叶片气孔开张度、减少植物水分蒸腾、提升水分利用率和增强作物抗旱性的作用。常见的抗蒸腾剂有：脱落酸（ABA）、吲哚乙酸（IAA）、赤霉素（GA）、细胞分裂素（CTK）、多效唑（MET）、腐殖酸（HA）、黄腐酸（FA）等（图2-10，图2-11）。

图2-10　抗蒸腾剂黄腐酸

图2-11　抗蒸腾剂脱落酸

这类物质分子量小，能直接溶于水。以种子包衣、蘸根及喷施等方式应用。喷施时一般稀释300 ～ 800倍后使用。与保水剂相比，其单位土地面积上的用量明显较少，因此农业成本投入的增加并不多，节水增产增效的价值不容忽视。

三、总结

我国北方地区目前存在用水紧张的问题，农业缺水问题在未来会越来越严重。在绿叶菜生产中，推广实用的节水技术是一种必然趋势。围绕绿叶菜产业发展规划，通过土壤水分动态、灌溉量和气象数据采集，确定主要绿叶菜的需水关键期和不同时期的实际需水量；同时注重多种节水技术的综合集成应用，将节水实用技术真正落实到生产实际中，进而实现水资源高效利用和绿叶菜可持续生产。

（李艳梅　北京市农林科学院植物营养与资源研究所）

第三节　水肥高效管理

20世纪90年代以来，我国蔬菜产业得到快速发展。1997—2016年，我国蔬菜种植面积和总产分别增加了95.7%和158%，种植规模达到2 000万公顷以上，成为世界蔬菜生产大国。但蔬菜属于高耗水作物，发展规模越大所需水资源越多，为了获得更大的产量，大水漫灌、过量施肥的问题严重，水肥利用效率低下。当前，蔬菜生产已经成为引起水资源土壤等面源污染的重要原因，依靠水肥资源投入维持产出的粗放增长方式已无法满足现代农业发展的需要，迫切需要提高水土资源利用效率，应用水肥一体化模式，加强水肥精准供应技术研究，走可持续的绿色发展道路。

美国、以色列、西班牙等国家的水肥一体化技术应用已经非常普遍，其中以色列应用水肥一体化的面积占全国灌溉面积的90%以上，美国也占到20%以上，而我国的水肥一体化面积占比不到10%，还有较大的发展空间。我国的华北、西北、东北等地区水资源比较缺乏，是节水灌溉的主要地区，这些地区是规模化、集约化的作物产区，但灌溉还是以喷灌、管灌、微灌等为主，水和肥的管理大都处于分离状态，生产效率、资源利用效率还有很大的提升空间。这也是大面积生产发展水肥一体化的难点所在。这一问题需要从两个方面解决：一是改进施肥设备，如西班牙大量应用自动施肥系统，提高肥水的均匀性；二是改变肥料剂型，如美国、欧洲等大量应用液体肥料，克服固体肥与水溶解过程产生的问题，使得水肥均质性显著提升。前者需要一定的投入，后者需要改变传统的用肥习惯。目前，高成本的投入与我国的生产实际还不太相符，而通过科技示范引导用户施用液体肥发展水肥一体化可能是一条可行的途径。

一、水肥调控技术

1.绿叶菜水分调控——以芹菜为例

绿叶菜水分的管理，生产中多以大水漫灌为主。以做好的畦为界，灌满为止。这种灌水方式，灌溉比较充分，但灌水量较大。与果类蔬菜不同，绿叶菜经济价值略低、生长期较短，对水分的管理往往更加粗放。随着水资源不断减少，人们的节水意识不断增强，绿叶菜的节水也提上了日程。

我们提出一个以控释肥一次性施肥，配套土壤水分量化管理的技术措施。应用水分监测仪控制土壤含水量，根据不同生育期，制定不同的水分指标：蔬菜生产采用土壤灌水的下限为60%，上限为90%～95%。一般生育前期控制为60%～80%，中期70%～90%，后期60%～80%。

以温室种植芹菜为例，设了常规灌溉和节水灌溉。芹菜采用起垄栽培，每畦6.8米×1.0米，小高畦栽培，垄上两行，行距40厘米，株距30厘米。定量管灌，水表控制水量，仅灌溉畦面。畦面上安装水分测定仪TDR（时域反射仪），TDR是一种比较精准的水分测量仪器，由埋在地里的水分测管、测量探头和掌上电脑组成（图2-12），同时安装了简易水分测量器——张力计（图2-13）。两种仪器配合，将来可以用简易的仪器代替精准的水分

图2-12　精准水分测定仪TDR

图2-13　简易水分测定仪——张力计

测定设备。芹菜育苗移栽，按照水分监测数据，分别于移栽后第23天、第39天、第46天、第49天、第60天、第74天、第95天进行灌水。

（1）*第一次灌溉*　灌溉数据是根据程序用电脑算出来的。水量的计算需要明确土壤的容重和最大含水量。我们测定了不同深度的土壤容重（表2-3）和最大含水量（表2-4），这两个数据相对固定，长时期内只需测试一次，根据容重和田间最大持水量，加上水分测定数据，就可以计算灌水量了。小区面积5.8米^2，第一次灌水17毫米，也就是每小区灌水0.26米^3，畦面内基本灌满（图2-14）。同时记录张力计数据（图2-15）。以后应用同样的方法控制灌溉，共灌水7次，全生育期习惯灌水量为324毫米，节水灌溉量为212.4毫米，实现节水34%。产量是基本持平的，没有出现下降，因此显著提高了灌溉水生产效率。

表2-3　不同土层土壤容重

土层（厘米）	鲜重＋盒盖（克）	干重＋盒盖（克）	上盖重（克）	刀＋下盖（克）	干土（克）	容重（克）	水分含量（%）
0 ~ 5	274.56	242.12	3.72	96.35	142.05	1.420 5	0.23
5 ~ 10	261.73	230.19	3.45	96.39	130.35	1.303 5	0.24
15 ~ 20	280.67	249.6	3.62	97.23	148.75	1.487 5	0.21
20 ~ 25	286.73	256.1	21.78	82.19	152.13	1.521 3	0.20
25 ~ 30	286.79	256.2	3.52	94.65	158.03	1.580 3	0.19
35 ~ 40	286.79	256.9	3.62	95.43	157.85	1.578 5	0.19

表2-4　不同土层土壤田间最大持水量

土层（厘米）	浸水12小时（克）	浸水16小时（克）	烘干9小时（克）	刀＋下盖（克）	干土＋纸片（克）	干土（克）	水分含量（%）
0 ~ 5	278.09	278.24	240.38	96.35	143.84	141.53	0.284
5 ~ 10	269.42	269.51	228.31	96.39	131.73	129.94	0.331
15 ~ 20	282.53	282.49	247.08	97.23	149.66	148.18	0.250
20 ~ 25	276.76	276.68	235.18	82.19	152.80	151.59	0.283
25 ~ 30	290.22	290.17	254.03	94.65	159.19	157.59	0.241
35 ~ 40	292.59	292.8	254.15	95.43	158.53	157.49	0.251

图2-14　不同土层土壤田间最大持水量

图2-15　灌水完成后张力计状态

（2）灌水量的计算方法与过程　首先测定土壤容重和最大含水量，土壤容重可以将土壤水分体积含水量换算成质量含水量；最大含水量用作表征田间最大持水量。每次灌水量和控制灌水上限见表2-5。

表2-5　每次灌水量和土壤水分控制上限

移栽后天数（天）	优化灌溉	习惯灌溉	土壤水分控制上限（%）
23	22	50	80
39	35	50	85
46	35	50	85
49	35	50	85
60	29.4	50	85
74	38	50	90
95	18	24	90
灌溉总量（毫米）	212.4	324	
优化灌溉节水（%）	节水	34.4	

注：优化灌溉节水（%）= $\frac{\text{习惯灌溉量}-\text{优化灌溉量}}{\text{习惯灌溉量}}\times 100\%$。

2.绿叶菜肥料管理——以白菜为例

蔬菜肥料用量大，施肥次数多。农民传统管理都比较粗放，肥料数量、品种、施肥装备等与发达国家相比，我国处于一个落后的状态。

在实际生产中，氮肥往往是肥料管理的重点。因此，我们提出要把氮

素的供应更加合理、更加规范、更加省力。采用控释氮肥与灌水配合在露地生产中是一种轻简高效的选择。因此，提出应用S形控释肥一次施肥的技术。这种技术可以减少追肥次数，甚至不用追肥，能够在合理供氮的同时节省劳动投入。

S形控释肥是指一种聚合物包衣的尿素颗粒氮肥，这种氮肥在聚合物膜层的控制下，养分可以缓慢释放，而且前期释放较少、后期释放逐渐增多，这样的释放规律与作物的吸氮需求基本是一致的（图2-16）。

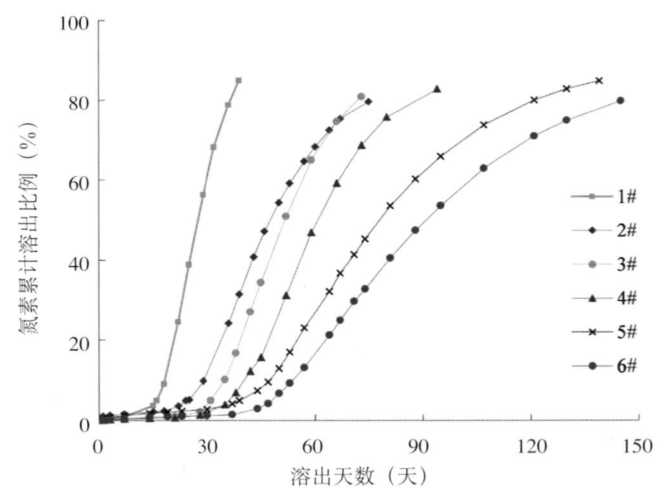

图2-16　S形控释肥在恒温净水中的氮素累积释放

缓控释肥料的施用可以从育苗开始。首先，我们选择一种包膜率为10%、静水释放期120天的控释复合肥（28-9-10）作为穴盘育苗使用。供试作物为春白菜，每穴用控释肥3.57克。出苗后的生长状况见图2-17，图中左侧生长明显较大的部分是应用控释肥育出的苗，而其他的是常规育苗。可以看出应用控释肥明显促进了白菜的苗期生长。控释肥在育苗基质中养分缓慢释放，不仅有利于苗期的生长，而且在移栽到田间后，基质块内的控释肥料还会继续释放养

图2-17　不同施肥白菜育苗的生长状况

分，供应白菜缓苗和后续生长，有利于促进白菜的生长和产量的增加（图2-18、图2-19）。

图2-18　控释肥在白菜育苗穴盘内的位置和数量

图2-19　控释肥育苗与常规育苗单株比较

白菜移栽后的用肥是按照目标产量计算的。基肥选择了一种释放期较短的控释肥［包膜复合肥（21-11-13），静水释放期45天，含氮量18.7%］，按照控释肥氮和普通氮素2∶1配比，一次性施入，氮肥总量控制在150千克／公顷。习惯施肥总氮量则为300千克／公顷。控释肥在田间释放图可以看出（图2-20），肥料在前期有一个10多天的抑制期，后期氮素释放逐渐加快，到第60天释放接近90%。灌水采用了小管出流系统，同时应用了土壤水分的控制策略。采用TDR（时域反射仪）监控试验区土壤水分，每周采集2次数据。水表控制水量，根据TDR监测数据，以土壤有效水量的60%～90%作为灌溉的上下限。灌溉总量140毫米，共灌水4次：分别为移栽后第12天（18毫米），第39天（27毫米），第44天（18毫米），第55天（25毫米）。

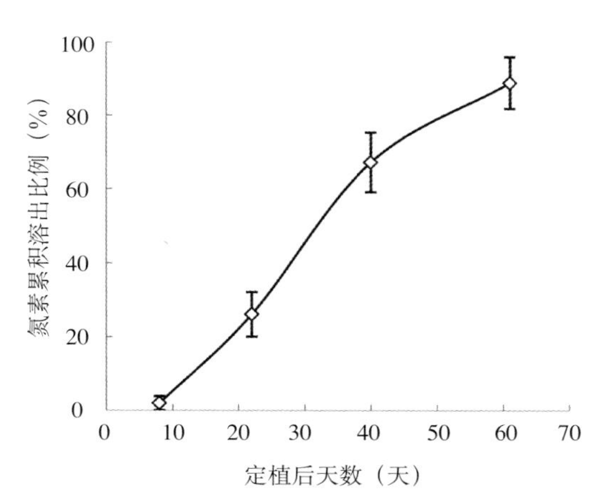

图2-20　包膜控释肥料在田间条件下的氮素累积溶出

收获的产量、品质见表2-6，在减氮50%的情况下，控释肥一次性施肥的产量几乎没有下降，生物产量达到163吨／公顷，净菜产量为91.7吨／公顷，显著高于对照不施氮肥。同时，控释肥处理的吸氮量显著高于习惯减量施肥处理，氮肥利用率达96%，比习惯处理（50%）和习惯减量（63%）提高明显。

表2-6　春白菜产量、品质、吸氮量与氮肥利用率

处理	生物量（吨／公顷）	净菜量（吨／公顷）	吸氮量（千克／公顷）	氮素利用率（%）	硝酸盐（毫克／千克）	有机酸（%）	糖（%）	糖酸比	维生素C（毫克／100克）
缺氮对照	97.5b	41.9b	105c	—	246c	0.15ab	0.29a	1.87b	2.05a
习惯施肥	168a	95.3a	254a	50b	393a	0.17a	0.32a	1.85b	1.11b
控释肥	163a	91.0a	248a	96a	348b	0.14b	0.31a	2.28a	1.00b
习惯减量	165a	95.7a	198b	63b	339b	0.16ab	0.30a	1.87b	1.05b

注：不同小写字母代表0.05水平差异显著，下同。

品质上，控释肥处理硝酸盐含量显著下降，有机酸显著下降，糖酸比显著提高。从图2-21可以看出，与习惯施肥2个处理相比，土壤剖面残留硝态氮降幅为47%和26%，也就是说在品质改善上和环境保护上均有显著的作用。

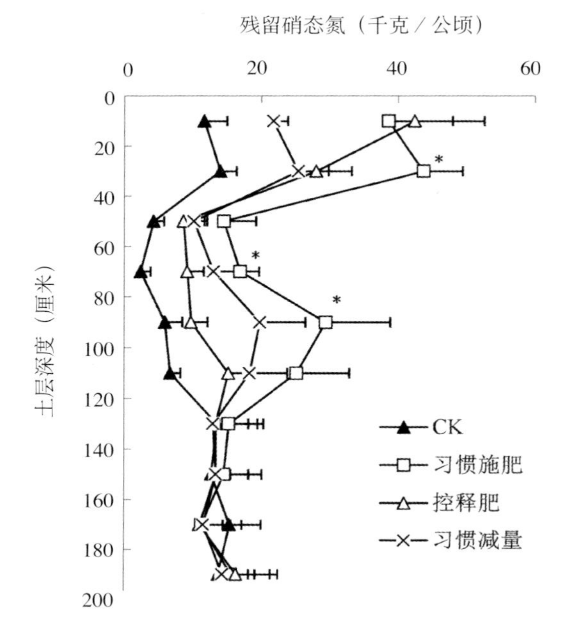

图2-21　春白菜收获后不同处理0 ～ 200厘米土壤剖面硝态氮分布

二、结语

基于上述水肥的调控工作，北京市农林科学院植物营养与资源研究所开展了相关的应用和示范工作。水分管理技术改变是否能支撑原来的栽培体系，这是一个大问题。传统的管理是逐渐降低栽培密度，通过水肥的大量投入，促进个体产量的提升，随着水肥投入的不断增加，个体产量也在逐渐增加。但水肥到一定的用量，产量继续增加十分困难。如果减小水肥的供应，减产的风险则非常大。因此，采用节水减肥的策略，必然会涉及栽培体系，不能再沿用原来的栽培体系，而要对群体和个体做一次重新安排。降低水肥供应强度，个体产量下降是必然，但可以通过增加群体密度来补偿。同时，要对个体挖掘生物学潜力，从而提高养分吸收利用效率。

（杨俊刚　北京市农林科学院植物营养与资源研究所）

第四节　害虫生物防治

绿叶菜是中国传统膳食的主要构成部分，品类繁多，主要包括白菜、菠菜、油菜、韭菜、苋菜等，是中国人获得胡萝卜素、维生素B_2、维生素C、矿物质及膳食纤维等营养元素的良好来源。传统的大田生产模式仍然是我国的主流，随着现代农业的发展，设施农业生产模式在绿叶菜生产中的比例也在逐年递增。绿叶菜类害虫可通俗地分为刺吸类害虫、咀嚼类害虫、潜叶类害虫、根部害虫等。化学防治带来一系列的食品安全和环境问题等副作用，但在一些作物上采用昆虫天敌、虫生真菌、天然植物源农药等资材防治相关害虫的技术已经成熟并获得应用。本文主要介绍设施农业中绿叶菜类害虫的生物防治技术，包括害虫的主要种类、市场上可获得的生物防治材料及其使用注意事项。

一、主要技术内容

1.刺吸类害虫

刺吸类害虫主要包括蚜虫类、螨类（红蜘蛛、跗线螨类）、粉虱类、蓟马类害虫，这类害虫是目前设施农业中最主要的害虫类群，由于个体微小、世代重叠严重、抗药性高，在实际防治过程中难度较大，经常出现再猖獗现象。

（1）蚜虫类害虫　蚜虫类害虫的种类比较多，包括菜蚜、棉蚜、桃蚜。从体色上则可简单分为黑蚜、绿蚜、红蚜、黄蚜（图2-22）等，危害时可造成叶片生长萎缩、卷皱，严重时它的分泌物可引发霉烟病。这类害虫的生物防治可以采用蚜茧蜂（图2-23）、龟纹瓢虫（图2-24）、盲蝽等昆虫天

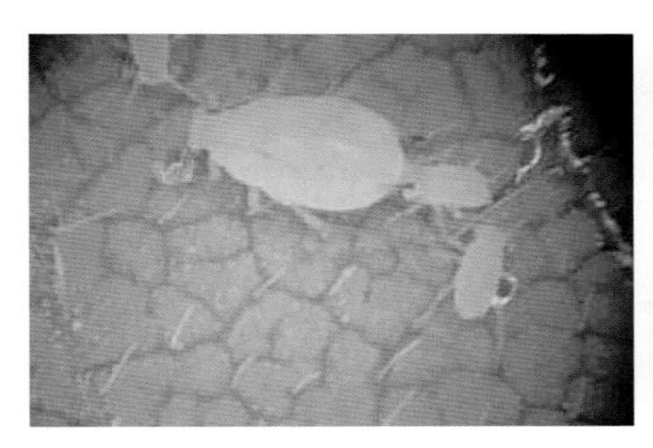

图2-22　黄　蚜

图2-23　蚜茧蜂（僵蚜）

图2-24　龟纹瓢虫

敌，也可用白僵菌、绿僵菌、蚜霉菌等虫生真菌以及植物提取物（天然除虫菊素）等生物防治投入品进行防治。

目前，国内市场上的瓢虫类天敌有七星瓢虫、异色瓢虫等，并以异色瓢虫为主，主要以卵卡的形式销售，基本可以全年供货；盲蝽类天敌有烟盲蝽、东亚小花蝽、南方小花蝽等，主要以盲蝽若虫销售；蚜茧蜂主要是烟蚜茧蜂，它们的具体用法可按各厂家的具体使用说明操作。在实际应用中则需注意：①与其他化学投入品的兼容使用技术，这需要与相应天敌投入品的生产厂家进行沟通，必须获得相关的农药配套使用技术，才能获得期望的效果。②释放这类天敌前最好事先调查蚜虫的发生区域，并在发生区释放，效果会比均匀释放更好，有时甚至是成功的关键。③这类天敌在短日照条件下一般会滞育（不发育不繁殖），因此在冬季尽量不采用这类天敌。

蚜虫的虫生真菌也是有效的生物防治投入品，市场上产品众多，比较有名的是由重庆大学研究并开发的几个产品，此外还有绿僵菌、蚜霉菌等产品，具体使用技术也可按厂家产品说明。但使用过程中需要注意以下事项：①虫生真菌也是真菌，只不过是寄生昆虫而不是植物，因此与杀菌剂之间必须有具体的搭配使用技术。②虫生真菌的使用效果与棚室或田间的湿度有明显的关联性，施用虫生真菌后环境中具有85%～90%相对湿度是非常重要和必要的条件，否则这些真菌的孢子不能萌发，也就不能侵入蚜虫体内，更不可能形成蚜虫的病害流行。③最好在日落前进行喷雾，因为夜间的湿度通常能达到它萌发的条件，并能避免紫外线对它们的杀伤作用，尤其在北方温室。

植物提取物中的天然除虫菊素等生物农药在具体使用过程中则需注意：①蚜虫对植物提取物产生抗性的可能性较大且快速，因此不可长期单一使用植物提取物防治蚜虫。②由于这类生物农药通常击倒力（速效性）不强，蚜虫的死亡高峰可能出现在用药的5～7天后，用药效果应该在此时进行。③通常需要间隔3～5天连续使用2次，效果则会更好一些。

（2）螨类害虫　绿叶菜类蔬菜较少发生螨类危害，不过在空心菜（蕹

菜）、甘薯叶等一些品种上还是有发生，有时甚至是严重危害。螨类害虫包括俗称的红蜘蛛、黄蜘蛛、白蜘蛛、茶黄螨等，具体包括二斑叶螨（图2-25）、截形叶螨、神泽氏叶螨、侧多食跗线螨等。叶螨类害虫以刺吸植物叶片汁液造成危害，导致叶片失绿，植株生长缓慢，严重时整株似火烧状；跗线螨类害虫也刺吸植物汁液，不仅危害叶片，还能危害果实和生长点，导致叶片失去光泽、皱缩、果实表面发黑、果面因形成木栓化而出现畸形果。可用于螨类害虫的生物防治投入品有智利小植绥螨、加州新小绥螨（图2-26）以及胡瓜新小绥螨、巴氏新小绥螨。

图2-25　二斑叶螨

图2-26　加州新小绥螨

对于叶螨类害虫来说，智利小植绥螨是表现最好的天敌，因为它是专食性的天敌种类，只能取食叶螨类害虫，但这种天敌的饲养成本极高，北方棚室每亩的预防使用量大约3瓶（每瓶含9 000只），市场价格约80元/瓶，通常每月投放1次，成本极高，中国的农业现状还很难接受。此外，它对跗线螨（茶黄螨）没有捕食作用，如果在茄子等同时发生红蜘蛛和茶黄螨的作物上单一使用智利小植绥螨，而取代所有杀螨剂，则可能造成茶黄螨的暴发危害。

加州新小绥螨每亩预防需要6瓶(每瓶含25 000只)，市场价格约为20元/瓶，由于每亩的投入量达到150 000只，效果比亩投入9 000只的智利小植绥螨更好，同时它对跗线螨的控制效果也非常理想。而且加州新小绥螨的抗/耐药能力是目前所有捕食螨种类中最强的，可以搭配使用的农药品种达到40余种，因此实际的可操作性更强。此外，它的日产卵量是其他捕食螨的1 ～ 2倍（繁殖速率几乎达到叶螨类害虫的水平），因此释放后，在相同时间段内加州新小绥螨的后代数量将是其他捕食螨的1 ～ 2倍，此时它消灭的害螨数量也将是其他捕食螨的1 ~ 2倍。因此，加州新小绥螨的综合效力优于其他捕食螨品种。

胡瓜新小绥螨和巴氏新小绥螨由于繁殖速率只有叶螨类害虫的一半，因此在国外一般不用于叶螨类害虫的防治，而主要用于防治黄瓜、甜椒等作物的叶部蓟马。

（3）粉虱类害虫　粉虱类害虫主要包括烟粉虱（图2-27）、温室白粉虱，粉虱不仅能直接刺吸植物叶片，还能传播植物病毒病，受害时叶片生长受限矮小，它的排泄物也会导致霉烟病的发生。目前，国内的天敌投入品有丽蚜小蜂、斯氏钝绥螨（图2-28）、小花蝽等。这类害虫非常难治，一旦暴发是毁灭性的。具体使用过程中需要注意的是：①必须在移植成活后，通常长出1 ~ 2片新叶就需要投入天敌产品进行防治。②天敌的使用必须搭配黄板一起使用，以诱杀粉虱的成虫，因为上述天敌不取食粉虱的成虫。③天敌的使用间隔通常需要间隔15 ~ 20天就补充释放1次，直到采收结束前20 ~ 30天停止。④必须与化学投入品有兼容的使用技术，以避免在防治其他病虫害时杀灭投入的天敌。⑤除了捕食螨外，其他天敌在冬季使用效果较差，原因仍然与短日条件下可能造成天敌的滞育有关，例如小花蝽。⑥防虫网在北方有时能带来意想不到的效果，然而南方并不适用，原因在于防虫网会显著影响棚室的通风透气。

图2-27　烟粉虱若虫

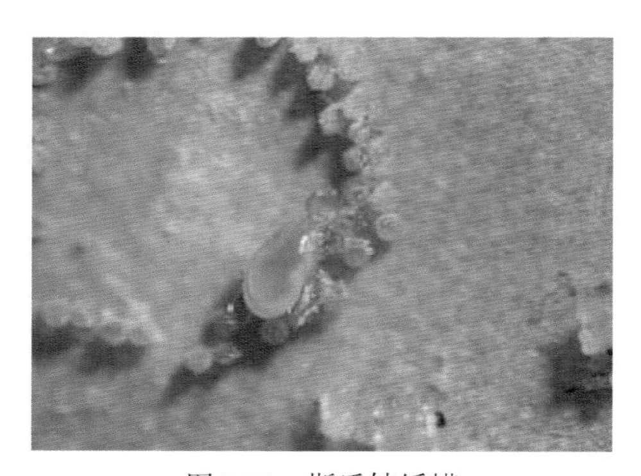

图2-28　斯氏钝绥螨

（4）蓟马类害虫　危害绿叶菜的蓟马类害虫（图2-29）主要有黄胸蓟马、棕榈蓟马、烟蓟马、西花蓟马等，它们不仅刺吸危害植物叶片，也危害花器、幼果，造成叶片萎缩、畸形、没有光泽，还会造成果面发黑、僵化，严重影响产量和品质。国内可用的天敌投入品有斯氏钝绥螨（图

图2-29 蓟 马

图2-30 斯氏钝绥螨

2-30)、加州新小绥螨、胡瓜新小绥螨、东亚小花蝽、南方小花蝽（图2-31）等。对蓟马的防控效果，斯氏钝绥螨>胡瓜新小绥螨>加州新小绥螨，但均小于小花蝽类天敌。但小花蝽与智利小植绥螨一样具有成本过高的缺点。需要注意的事项有：①必须有相应的化学投入品搭配使用技术或方案，才能避免用药时杀死天敌。②必须尽早防治，通常也是移植后长出1～2片新叶开始，要达到理想防控效果，补充释放的间隔期是15～20天，比如斯氏钝绥螨需要间隔20天，胡瓜/加州新小绥螨则需要间隔15～20天。③由于大多数天敌品种对蓟马成虫的捕食能力较差或不能捕食，因此必须搭配使用蓝板，以诱杀其成虫。④也可搭配使用诱剂产品，但目前市场上的产品基本是食诱剂，诱杀效果不如其他种类害虫的性诱剂。

图2-31 南方小花蝽

2.咀嚼类害虫

咀嚼类害虫以鳞翅目的幼虫、叶甲类、跳甲类为主，常见的有斜纹夜蛾（图2-32）、小菜蛾、甜菜夜蛾、黄斑长跗萤叶甲（图2-33）、黄守瓜、黄曲条跳甲等，这类害虫会咀嚼叶片、花器、幼果，造成孔洞或花而不实。棚室由于有防虫网，

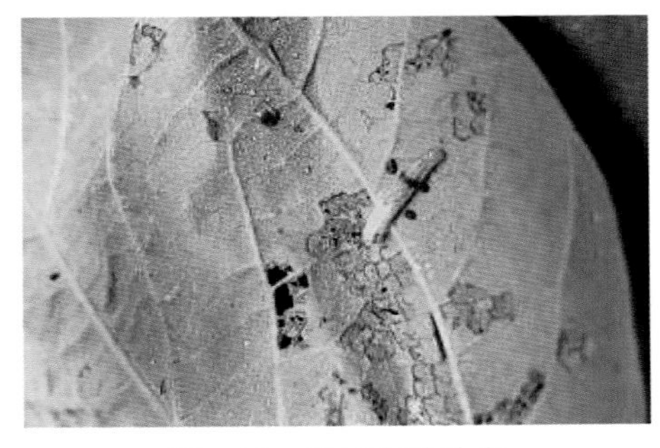

图2-32 斜纹夜蛾幼虫

图2-33 黄斑长跗萤叶甲

与外界相对隔离，因此这类害虫的防治相对容易，大田防治则较难，不建议大田采用生物防治，不过选择性使用对天敌没有危害的化学投入品，以保护利用本地天敌，有时也有意想不到的效果。棚室则可采用白僵菌，结合杀虫灯、专用的性诱剂/诱捕器（如斜纹/甜菜夜蛾性诱剂等）、食诱剂（传统的糖醋液），这类害虫就很好防治。

3.潜叶类害虫

潜叶类害虫主要是潜叶蝇，比如美洲斑潜蝇、南美斑潜蝇、番茄斑潜蝇等外来物种和本地物种豌豆彩潜蝇，在欧美地区主要用潜蝇姬小蜂防治上述害虫。目前，国内仅一些大学或研究机构有小规模生产，市场上还没有这类产品销售。

4.根部害虫

根部害虫有蛴螬（图2-34）、根蛆、线虫（包括根结线虫）（图2-35），这类害虫中的蛴螬会咬断植物的新根，甚至是主根，导致植物直接死亡；根蛆则能造成植物的烂根；根结线虫虽不能直接导致植物死亡，却能严重

图2-34 蛴 螬

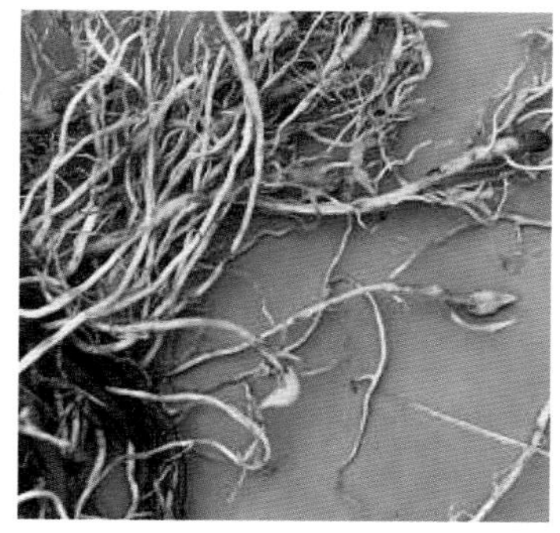

图2-35 根结线虫

影响植物吸收营养物质，从而严重影响植物的正常生长，通常表现为生长减缓、植株矮小等症状。这类害虫的生物防治相当难，蛴螬可以采用绿僵菌或白僵菌进行灌根防治，也可在栽前整地时撒入土壤，这部分技术已经相当成熟，成功的例子不少；根蛆或根线虫可以用下盾螨，根结线虫可以用淡紫拟青霉，国内都有相应的产品，然而市场反馈效果并不是特别理想，可能在使用技术上还需要进一步完善，尤其是与化学投入品之间的配套使用技术，比如使用这类天敌或寄生菌之前哪些药剂不能用，或使用之后需要多长时间的安全间隔期，或哪些药剂不能使用等。

二、展望

我国的生物防治起步较晚，产品品类不全也是限制其发展的一个重要因素。目前，市场上较为成功的生物防治投入品大多是20世纪由国外引进的外来天敌，如丽蚜小蜂、智利小植绥螨、胡瓜新小绥螨、龟纹瓢虫，国内的农业研究机构应该加强本地天敌或生物防治物的调查与开发，并结合中国农业生产的实际现状，开发出低成本、高效的生物防治投入品，尤其是粉虱类、蓟马类、潜叶蝇类的天敌产品，以满足我国在较长期内农产品仍将处于低价市场运作的现状。此外，目前我国还很难在农业生产中大面积全程采用生物防治技术防治相应病虫害，部分农药的使用有时还是难以避免的，但在成本可接受的范围内，如果有配套的农药使用技术，许多生产者也愿意采用部分生物防治投入品以减少化学农药的使用量或使用次数，从而生产更为安全的农产品，因此科研部门还需加强生物防治与化学防治的兼容技术研究，为每种天敌产品配备实用的农药兼容使用技术，这样才能适应我国农业生产的现状。

（季洁　福建省农业科学院植物保护研究所）

第五节　病害发生与防治
——以生菜为例

生菜学名叶用莴苣，为菊科莴苣属，一二年生草本植物。生菜原产欧洲地中海沿岸，由野生种驯化而来。古希腊人、罗马人最早食用，是重要的世界性叶类蔬菜。以叶球或叶片供人们食用，既可以熟吃又可以生吃，因此生菜种植面积极其广泛，当前我国多个地区均有种植，生菜也是北京及周边地区主产叶菜类蔬菜之一。在实际生产中，生菜病害的发生种类比较多，常见的有霜霉病、菌核病、灰霉病、枯萎病和褐腐病，病害严重时可造成损失30%～50%。

一、生菜主要病害的识别及危害

1.霜霉病

（1）症状与危害　霜霉病是保护地生菜的重要病害。多在春季和秋季产生，以春季发生最为广泛，南方露地栽种亦广泛发生，病害严重时损失可达20%～40%。幼苗、成株期均可发病，以成株受害重，主要危害叶片。病叶由植株下部向上蔓延，幼苗受害，叶片发黄，叶背有大量的白色霜霉状物，严重时叶片枯死整株死亡（图2-36）。成株期发病，叶片上多形成坏死斑（图2-37），最初叶上生淡黄色近圆形多角形病斑，潮湿时，叶背病斑长出白色霜霉状物即病菌的孢囊梗及孢子囊，有时蔓延到叶片正面，后期病斑枯死变为黄褐色并连接成片，致全叶干枯。

图2-36　霜霉病苗期症状

图2-37　霜霉病引起的坏死斑

（2）发病规律　生菜霜霉病是一种卵菌病害，生菜霜霉病病菌以菌丝体及卵孢子随病株残余组织遗留在田间或潜伏在种子内越冬；也可以在秋冬季生菜、莴笋、菊苣上危害越冬，在南方一些温暖地区无明显越冬现象。越冬病菌在翌年春天产生孢子囊，通过气流、浇水、风雨、农事及昆虫传播。田间孢子囊常萌发产生游动孢子，部分直接萌发产生芽管，从寄主叶片气孔侵入，引起初次侵染。病菌侵染后引起病害出现病斑，在受害部位产生新生代孢子囊，继续进行侵染，在田间一个生长季可进行多次再侵染，加重危害。

病菌喜低温高湿环境，适宜发病的温度范围为1～25℃，最适发病环境温度为15～20℃，相对湿度95%左右；最适感病生育期为成株期。发病潜育期3～7天。生菜霜霉病的主要发病盛期在3～5月和9～11月。早春多雨或梅雨期间多雨的年份发病重；秋季多雨、多雾的年份发病重。田块间连作地、地势低洼、排水不良的田块发病较重。栽培上种植过密、通风透光差、氮肥施用过多的田块发病重。

2.菌核病

（1）*症状与危害*　菌核病是生菜上重要的病害，在北京冬春季菌核病非常严重，菌核病开始危害茎基部，最初病部为黄褐色水渍状，逐渐扩展至整个茎部发病，使其腐烂或沿叶帮向上发展引起烂帮和烂叶，最后植株萎蔫死亡。发病部位常有白色霉状物，后期在霉层上长出黑色颗粒状菌核（图2-38、图2-39）。

图2-38　菌核病危害生菜的前期症状

图2-39　菌核病危害生菜的后期症状

（2）*发病规律*　菌核病是一种土传病害，连作地发病重，低温高湿的条件有利于发病，相对湿度高于85%时，病害发生重。湿度低于70%，病害明显减轻。春秋天气温暖、多雨、湿度大有利于发病。栽培密度过大、通风透光条件差、排水不良的低洼地块、偏施氮肥，发病重。

3.灰霉病

（1）*症状与危害*　生菜灰霉病也是在冬春温度相对较低的季节发生，生菜发生灰霉病经常引起全株腐烂，病部具有典型的灰色霉层（图2-40）。苗期发病，幼苗呈水浸状腐烂，上有灰色霉层。生菜定植后发病，多从离地面较近的叶片开始，叶片上最初呈水渍状病斑，高湿条件下病部迅速扩大呈褐色，病叶基部呈红褐色，最后病株茎基部腐烂坏死，引起地上部分茎叶枯萎死亡。

图2-40　生菜灰霉病苗期症状

（2）发病规律　灰霉病是一种真菌病害，病菌的菌丝体、菌核、分生孢子随着病残体在土壤中越冬，借助农事操作及菜田浇水传播，通过伤口及幼嫩组织皮孔侵入造成病害发生。该病在5 ~ 31℃条件均可发病，但在空气相对湿度90%以上、温度20 ~ 25℃条件下发病严重。连续阴雨的天气有利于发病。

4. 生菜褐腐病

（1）症状与危害　褐腐病是生菜的一种重要真菌病害。各地均有发生，以露地栽培发病较重，可以造成较大的损失。一般在生长的中后期发生。发病始于植株下部的茎基部，发病组织呈黄褐色水渍状，并逐渐沿叶柄向上发展，使整个外叶发褐腐烂，湿度大时，外叶褐色软腐，茎基部和叶柄产生淡淡的灰白色蛛丝状菌丝。空气干燥时，病株浅褐色枯萎。定植后发病，植株生长衰弱，根部发育不良，侧根很少，植株呈黄萎状（图2-41）。

图2-41　褐腐病苗期危害状

（2）发病规律　丝核菌引起的褐腐病，在夏季高温条件下时有发生；病原菌主要借菌丝菌核在土壤中或病残体内越冬和存活。土壤中的菌丝不休眠，营腐生活。该病原当土壤湿度在20% ~ 60%时均能生长；在田间病原传播主要靠接触传染，即植株的根、茎、叶接触病土时，便会被菌丝侵染。土壤温度高、湿度大，有利于病害发生，黏重而潮湿的土壤，均有利该病害的发生。

二、生菜病害防治技术

生产中生菜病害的防治以预防为主，综合防治，选择抗性强的优良品种，可通过对温湿、光照、水肥等方面加强田间管理优化生菜生长环境，科学用药。

1. 农业措施

选择土质肥沃，地势高燥，排灌两便，保水、保肥力强的田块种植；合理轮作，前茬不宜是绿叶菜类蔬菜，提倡与禾本科作物实行2 ~ 3年轮作；精选种子，清除种子间混杂的菌核。培育适龄壮苗，苗龄以6 ～ 8片真叶为宜。高畦覆地膜栽培，使用黑色地膜覆盖，将出土的子囊盘阻断在膜下。合理密植，结球生菜的株行距以25厘米 ×25厘米为宜，散叶生菜株行距以30厘米 ×30厘米为宜，光照充足有利于植株生长，过密容易引发病害。合理施肥，施足基肥，应施用充分腐熟的有机肥，尽量少追肥或不追肥，追肥宜施用化肥，溶入水中结合浇水进行追肥。铲除田间杂草，拔除病株深埋。收获后及时清除病残体并进行20厘米以上深翻。

2.种子药剂处理

播种前用2.5%咯菌腈悬浮种衣剂0.3%包衣后将种子放入冰箱，在3 ～ 5℃条件下冷冻约48小时后播种，可增强防病效果和提高种子发芽率。

3.土壤处理

长期连作也会出现生菜枯萎病、菌核病、灰霉病，可以通过土壤处理、药剂处理或生物酿热等方法解决。药剂处理：用25%多菌灵可湿性粉剂，每平方米10克，拌细土1千克，撒在土表或耙入土中，然后播种。生物酿热：在7 ～ 8月高温季节和保护地空闲时间进行，即春茬结束将病残落叶清理干净，每亩施碎稻草或小麦秸秆500千克、生石灰100千克，然后深翻地66.6厘米，起高垄33.3厘米，地膜覆盖；最后灌水，使沟里的水呈饱和状态，再密闭大棚15 ～ 20天，使土壤温度长时间达60℃以上，杀死有害病菌。

4.药剂防治

生菜属于小作物，在生菜病害防治上登记的杀菌剂较少，建议推荐使用一些杀菌剂防治生菜病害。生菜霜霉病的防治要提前控制，可用吡唑醚菌酯，同时该药剂还具有促生作用；在保护地，生菜菌核和灰霉病的控制可采用烟剂烟熏、茎叶喷雾及摘除病株的综合措施，灰霉病、菌核病及褐腐病的药剂防治可在发病初期开始喷洒70%甲基硫菌灵可湿性粉剂700倍液，或50%扑海因（异菌脲）可湿性粉剂1 500倍液，或50%速克灵（腐霉利）可湿性粉剂1 500倍液，或40%菌核净可湿性粉剂500倍液，每7天喷药1次，连续防治2 ～ 3次，可以兼治3种病害。

（李兴红　北京市农林科学院植物保护环境保护研究所）

第三章  CHAPTER3

绿叶菜轻简高效栽培各论

第一节　生菜轻简高效栽培

生菜是叶用莴苣的俗称，属菊科莴苣属，为一年生或二年生草本植物，以叶为主要产品器官，学名：*Lactuca sativa* L.，染色体数为2n=2x=18。由野生种驯化而来，原产于地中海沿岸，生菜传入中国的历史比较悠久，东南沿海，特别是大城市近郊、两广地区栽培较多。近年来，生菜栽培面积迅速扩大，目前已成为北京市播种面积最大的绿叶蔬菜。

生菜富含水分，每100克食用部分含水量高达94%～96%，故生食清脆爽口，特别鲜嫩。每100克食用部分还含蛋白质1～1.4克、碳水化合物1.8～3.2克、维生素C10～15毫克及一些矿物质。生菜中膳食纤维和维生素C较白菜多，有消除多余脂肪的作用，故又叫减肥生菜。因其茎叶中含有莴苣素，故味微苦，具有镇痛催眠、降低胆固醇、辅助治疗神经衰弱等功效；含有甘露醇等有效成分，有利尿和促进血液循环的作用；生菜中含有一种干扰素诱生剂，可刺激人体正常细胞产生干扰素，从而产生一种抗病毒蛋白，抑制病毒。

一、生菜的分类

1.按叶片色泽分

生菜按叶片的色泽区分有绿叶生菜、紫叶生菜两种（图3-1）。

2.按叶的形态分

生菜依叶的生长形态，可分为结球生菜、散叶生菜和半结球（直立）生菜。

（1）结球生菜　结球生菜主要特征是，它的顶生叶形成叶球。叶片全缘、有锯齿或深裂，叶面平滑或皱缩，顶生叶形成叶球，圆形或偏圆（图3-2）。

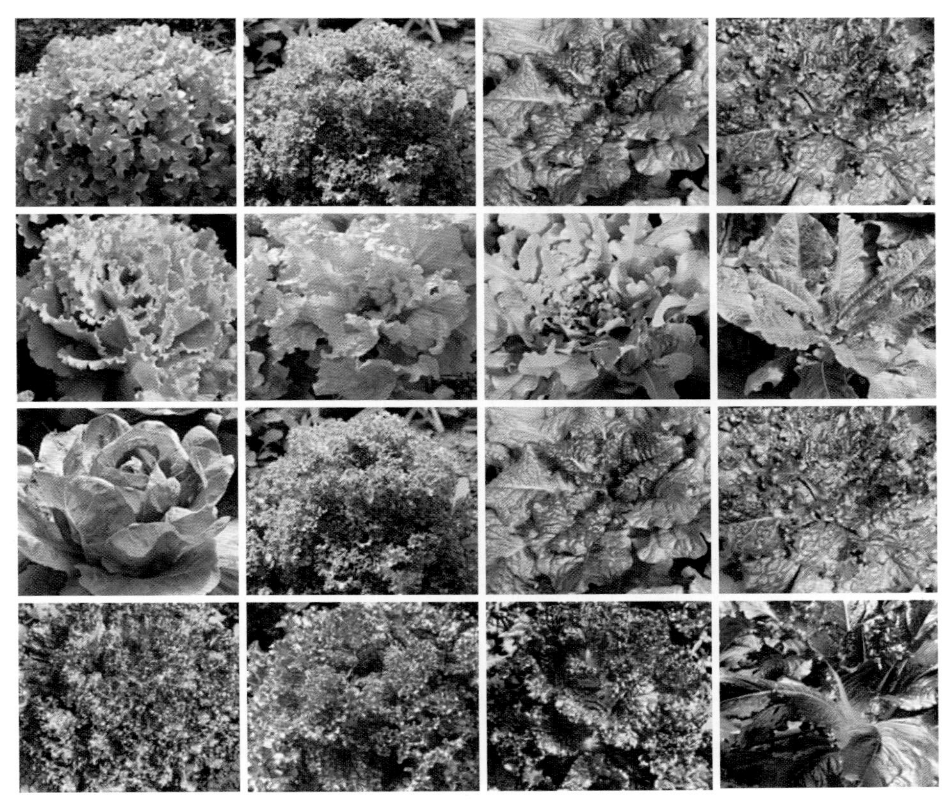

图3-1　不同颜色的生菜

图3-2　结球生菜

（2）**散叶生菜** 散叶生菜的主要特征是不结球。基生叶，叶片长卵圆形，叶柄较长，叶缘波状有缺刻或深裂，叶面皱缩，簇生的叶丛有如大花朵一般（图3-3）。

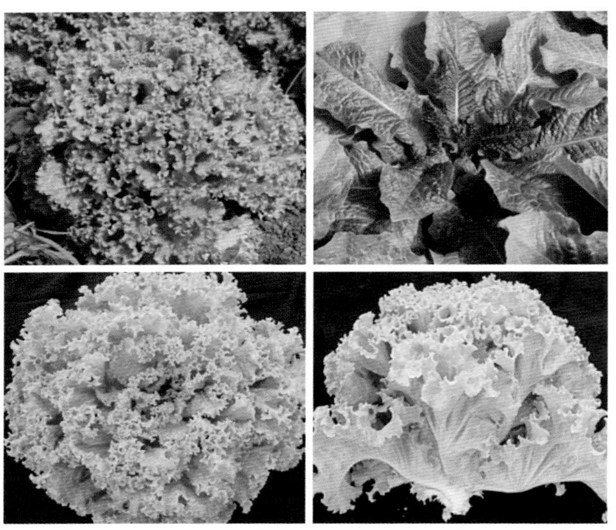

图3-3 散叶生菜

（3）**半结球生菜** 半结球生菜的主要特征是叶片狭长，直立生长，叶全缘或有锯齿，叶片厚，肉质较粗，风味稍差（图3-4）。

图3-4 半结球生菜

二、主要环节关键技术

1. 生菜周年生产配套专用品种

生菜喜冷凉，在高温季节易引发烧心、烧边、抽薹等现象，高温季节推荐使用品种为北生1号、北生2号或射手（图3-5）等品种，春秋季节推荐使用北生3号（图3-6）、北生4号或维纳斯等品种，经过多年的生产实践，取得了良好效果。

图3-5 射 手

图3-6 北生3号

2. 高温季节生菜种子引发技术

生菜是喜冷凉作物，高温抑制生菜的萌发。在高温季节采用种子引发技术具有促进种子萌发、提高出苗速度和整齐度、增强种子对逆境的抵抗力和耐受力、打破种子的热休眠、克服远红光的抑制作用、提高未成熟种子和老化种的活力等效果。该技术可以促进幼苗生长，提高育苗质量。

在播种前将种子采用10%聚乙二醇（PEG）充分浸泡，引发对生菜种子效果较好。经引发处理过的生菜种子，种子活力显著提高，种子发芽势提高10%～20%，种子发芽率提高5%～10%（图3-7）。

图3-7 生菜种子引发技术

3. 集约化育苗技术

采用128孔穴盘进行育苗，基质选用草炭∶蛭石∶珍珠岩=2∶1∶1（体积比）配方，或者选用商品基质，如山东的鲁青、国青等品牌。在采用商品基质前，应先进行小规模试种，效果良好之后再扩大规模。

根据栽培季节、品种特性、育苗方式等确定适宜的播种期，苗龄30天左右。每亩用种量20克左右。每穴1～2粒种子，播种后覆盖约0.5厘米厚基质。冬春季节床面上覆盖塑料膜，夏秋季床面覆盖遮阳网，70%幼苗顶土时，撤除床面覆盖物。冬春季育苗应保证光照充足；夏秋季育苗应适当遮光降温。苗期应保持基质湿润，可根据苗情适当追施提苗肥或叶面喷肥。定植前5～7天适当控水降温。冬春育苗昼温宜在15～20℃，夜温宜在5～8℃。夏秋季育苗逐渐撤去遮阳网。幼苗应生长整齐，根系发达，4～5片真叶，叶片浓绿肥厚，无病虫。

4. 采用有机肥替代化肥技术

在测土配方施肥技术的基础上，底肥采用有机肥替代化肥技术，追肥采用水肥一体化技术。

采用综合施肥技术后，整体减少化肥在底肥中的施用量，既能够保证作物生长，又能有效减少化肥投入。结果表明，底肥化肥施用量比常规施肥减少50%，减少化肥纯量投入6.75千克/亩，作物产量和品质并没有下降。施用天然来源（竹）碳肥，调节土壤C/N，减少20%有机肥使用量，有效降低生菜亚硝酸盐含量，提高蔬菜品质（图3-8）。

图3-8　生菜有机肥替代化肥技术

5. 配方施肥技术

通过测定示范区的土壤养分含量，采用不同的生菜施肥配方，连续三年的试验表明，水溶肥配方22-8-22（$N-P_2O_5-K_2O$）生菜产量较高，降低了生菜硝酸盐含量和总酸含量，提高了生菜口感，是最佳的生菜水溶肥配方（图3-9）。

图3-9　生菜配方施肥技术

6. 水肥一体化技术

该技术可根据土壤环境和养分含量状况，散叶生菜的不同生长期需水，需肥规律情况进行不同生育期的需求设计，把水分、养分定时定量，按比例直接提供给生菜。采用该技术后，可提高肥料的利用效率（图3-10）。

图3-10　生菜水肥一体化技术

7. 清洁田园技术

洁净的环境有利于减少病虫的传播机会，同时可以改善工作环境，提高生菜生产的品质。

收获后，应及时清理残株叶片、杂草等，集中堆放并用薄膜覆盖，注射20%辣根素水乳剂20毫升/米^3，密闭熏蒸3 ～ 5天杀灭病虫。

三、技术要点

1. 品种

根据不同季节和栽培设施，选择抗逆性强、丰产、优质、商品性好、耐贮运的品种。低温季节选择耐低温品种，高温季节选用耐高温品种。

2. 茬口安排

春露地栽培：早春定植，晚春或初夏上市；秋露地栽培：夏末定植，秋季上市；秋冬设施栽培：秋冬季定植，冬季上市；冬春设施栽培：冬季定植，春季上市。

3. 育苗

根据季节选用温室和塑料棚等设施进行育苗，可采用穴盘育苗。夏秋季育苗应选用遮阳网和30～40目的防虫网等。育苗前设施内可采用高温闷棚消毒，土壤消毒采用杀虫杀菌剂或熏蒸处理。根据栽培季节、品种特性、育苗方式等确定适宜的播种期，苗龄30天左右。每亩用种量20克左右。宜采用穴盘育苗，每穴1～2粒种子，播种后覆盖约0.5厘米厚基质。

4. 定植

冬春季10厘米土层温度宜在8℃以上，最低气温稳定通过5℃时，选择晴天近午时定植。夏秋季根据品种特性和采收期确定定植期，选择晴天傍晚或阴天定植。整地时，每亩施用优质腐熟农家肥3～4吨或商品有机肥1～2吨，施用复合肥20～30千克，深翻25～30厘米，将肥料与土壤混合均匀。

采用高畦栽培。将土壤整平后，做成宽80～90厘米，高出地面15～20厘米的瓦垄高畦。畦面平整，畦垄上宜覆盖地膜，冬春宜覆盖透明膜，夏秋季节宜覆盖银灰或黑色地膜。

在地膜上打孔定植，栽植深度以不埋住心叶为宜。定植行距为30～40厘米，株距为30～35厘米，每亩定植4 000～5 000株。

5. 田间管理

定植后要保持适宜温度，促进缓苗。昼温不超过25℃，夜温10℃以上为宜。缓苗后，白天温度保持15～20℃，夜间在8～10℃。采用滴灌或微喷等节水方式灌溉。冬季灌溉宜少量多次，夏季适当增加单次灌水量。始终保持土壤湿润。结合除草中耕松土1～2次。

莲座期保持昼温20～22℃，夜温10℃左右。每亩应施用氮磷钾复合肥10～15千克，N∶P∶K比例为2∶1∶2。适时浇水，保持土壤湿润。

结球期应保持昼温20～25℃，夜温10～15℃。冬春季节应保持光照充足，夏秋季节应遮阳降温。结球前期每亩追施氮磷钾复合肥10～15千克，N∶P∶K比例为2∶1∶2；结球中期增施钾肥，每亩追施氮磷钾复合肥15～20千克,N∶P∶K比例为1∶1∶2。结球前期和中期保证水分供应充足，结球后期适当控制水分，采收前10天左右停止浇水。

6.收获及清洁田园

从定植至采收，一般早熟品种50 ～ 60天，中熟品种60 ～ 70天，晚熟品种70 ～ 85天。叶球紧实时应及时采收，留3 ～ 4片外叶保护叶球。收获应保证安全间隔期。

收获后，应及时清理残株叶片、杂草等，集中堆放并用薄膜覆盖，注射20%辣根素水乳剂20毫升/米^3，密闭熏蒸3 ～ 5天杀灭病虫。

7.病虫防治

主要病虫霜霉病、灰霉病、软腐病、枯萎病、根结线虫病、蚜虫、棉铃虫、斑潜蝇等。

物理防治。应做好环境清洁、土壤消毒、设施消毒、培育无病虫苗等病虫源头控制。在设施通风口和人员出入口设置40目防虫网阻隔害虫传入；在植株上方5 ～ 10厘米处，悬挂色板。

药剂防治。应优先选用生物农药，不应使用国家禁限用农药，设施内宜采用背负式高效常温烟雾机施药。

（刘超杰　北京农学院园艺系）

第二节　日光温室芹菜轻简化高效栽培

芹菜是大众喜爱的一种种植普遍的蔬菜，按照中国人的饮食习惯，喜欢食用单株重250克左右的芹菜，和西方国家大棵西芹相比（单株重1.5千克左右）要小得多，大棵芹菜种植的密度小，小棵芹菜种植的密度就大很多，为了获得高产与小的单株，国内一般种植2万～ 3万株/亩，这样就需要用大量的苗，同时也要用大量的劳动力来定植，这就为芹菜的种植带来了很大的劳动强度与较高的人工成本。目前的劳动力极为匮乏，这种状况在未来一段时间不会有多大的变化或越来越严重。

因此，蔬菜种植的规范化、机械化、轻简化是急需要解决的问题。芹菜种子小、出苗慢，苗龄长，定植密度大，更需要尽快解决轻简化栽培技术问题。经过笔者及同行对芹菜种植方面的总结，现将芹菜轻简化栽培技术介绍如下。

一、芹菜栽培特性

原产于地中海沿岸的沼泽地带，芹菜喜欢土壤湿润。喜欢冷凉的气候，白天15 ~ 20℃，夜间3 ~ 8℃。超过25℃，对芹菜生长不利。浅根性作物，根系发达，再生能力强。喜欢有机质丰富的松软的土壤。高温、干旱、强光对芹菜生长不利。

二、类型与品种

1. 西芹

皇后：法国进口品种，种子价格高，文图拉类型品种，叶色浅绿，生长快、商品性好。

奥尔良：文图拉类型品种，叶色浅绿，株型紧凑，生长较慢，比重大，适合长时间栽培。

京芹2号：北京蔬菜研究中选育的品种，文图拉类型品种，叶色浅绿，株型紧凑、整齐，生长较慢，叶柄厚实，比重大，不易空心，耐抽薹，商品性好。

京芹3号：北京蔬菜研究中心选育的品种，文图拉类型品种，长势旺盛，叶色浅绿，植株紧凑、整齐，生长快，商品性好，产量高。

百利：高犹他类型西芹。株高65 ~ 70厘米，叶色深绿，叶柄肥大，质地脆嫩。晚熟，不易抽薹，叶柄实心，不易空心。

2. 本芹

鲍芹：山东章丘地方品种，根系发达、植株高大，色泽翠绿，茎柄充实肥嫩，入口香脆微甘，嚼后无丝无渣，芹芯生食，芹香浓郁，爽口生津，回味无穷，是本芹中的稀有品种。

马家沟芹菜：山东青岛平度市马家沟地方品种，叶柄嫩黄、梗直空心、棵大鲜嫩，清香酥脆、营养丰富，嫩脆无筋。

红芹1号：本芹特色品种，早熟，叶柄红色亮丽，芹菜味浓厚，大小株均可收获，尤其适合小株收获。

白芹1号：本芹特色品种，生长旺盛、叶柄粗壮、白色、实心，芹菜味道浓厚，产量高，适合小株收获。

西芹商品性好，植株紧凑，棵大，柄厚柄实，不易抽薹，味淡。本芹植株开张，叶柄细长，容易抽薹，商品性欠佳，尤其空心品种，但食用品质好，味浓，适合中国烹饪。

三、栽培方式与栽培季节

芹菜属于半耐寒性蔬菜，根据北京露地及不同保护地的气候特点，对

应芹菜的生理特点，进行适合的茬口安排，是获得芹菜高产、优质、高效的重要措施，也是科学种田的具体体现（表3-1）。

表3-1　芹菜日光温室主要茬口安排

	播种期	定植期	收获期
秋冬温室栽培	8月	10月	翌年1～3月
冬春温室栽培	10月下旬至11月上旬	1月至3月上旬	4～5月

四、育苗

1.种子特性与浸种、催芽

芹菜种子小，千粒重0.4克左右，油性大，吸水慢，出芽慢（10天左右），有热休眠现象（自我保护）（25℃以上发芽迟缓、30℃以上不发芽）。

浸种：24～36小时，每天淘洗两遍。

催芽：浸种完，把种子水分甩干，15～20℃条件下催芽，每3～4小时翻动一次，每天淘洗2次。

2.播种及覆土

播种：催芽4天左右，不等种子出芽，把种子摊开晾爽后播种，也可以和干细土、细蛭石拌开播种，平畦撒播或穴盘点播、机播。穴盘播种、手工点播：种子小、芽率低，出苗慢、风险大，128或200穴盘（图3-11），每穴播种3～5粒，留苗1～2株。一次成苗。机械播种主要设备：滚筒式播种机、气吸式播种机、手持式播种机（图3-12，图3-13）。

图3-11　128穴盘单株苗和双株苗

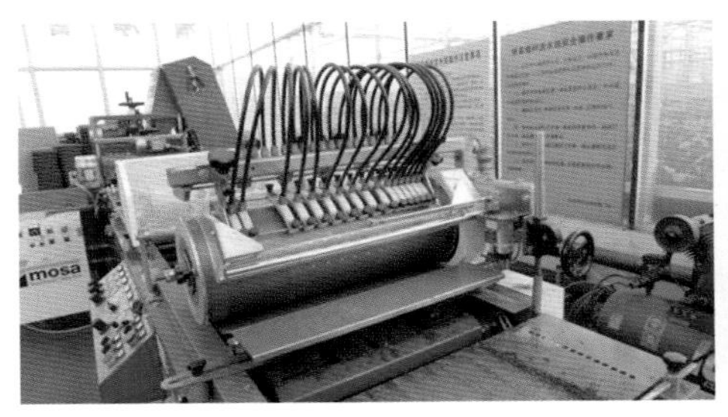

图3-12　滚筒式播种机

图3-13　播种机播种效果

覆土：覆土宜浅，种子发芽需光，盖住即可，地育苗，出芽前不盖土，出苗后撒一层薄细土。

3.播后管理

保持土面湿润，夏季要覆盖遮阳网，根据天气状况及时进行出苗前的水分管理。正常情况下，10天左右出苗，经过4天催芽的可以提前2 ~ 4天出苗。芹菜苗龄50 ~ 60天，植株有5 ~ 6片叶时即可出苗定植。

五、整地、施肥、做畦

1.整地：种植地块务须平整，避免落差太大，影响浇水均匀。

2.施肥：芹菜喜欢松软有机质丰富的土壤，每亩施用腐熟的牛粪、羊粪或堆肥15 ~ 20米^3，普通三元复合肥50千克/亩。

3.做畦：温室东西向做高平畦，畦宽1.4米，畦面宽1.0米，机械做畦，铺设2道滴灌带，覆盖黑色地膜或透明地膜（图3-14，图3-15，图3-16）。

图3-14　微耕机做畦

图3-15　微耕机做畦效果

图3-16　温室东西向高平畦栽培

温室东西向高平畦的优点：

①有利于做畦、覆膜、定植、收获等机械化作业。②有利于滴灌铺设。③有利于地膜覆盖作业。④高平畦保持土地疏松，有利于作物生长，还可实现免耕栽培。⑤高平畦栽培不会积水，水分均匀、生长一致。⑥高平畦有利于通风，可以减少病害的发生。⑦高平畦便于定植、除草、收获等农事操作。⑧东西向高平畦与温室的等温线、等光线、生长线一致，有利于浇水、收获。⑨东西向栽培可以免除温室后边的走道，冬季利用，可以提高温室的土地利用率。⑩高畦、滴灌土壤疏松，土壤疏松，根系就好，根系好，吸收就好，吸收好就节水节肥，吸收好植物生长就好，植物生长好，产量品质就好，产量高效益就高。

六、芹菜定植及定植后管理

1.定植密度

1.4米宽高平畦，双株定植4行，穴距20厘米，每亩1万穴，2万株苗，128孔穴盘双株苗，用苗80盘；单株定植6行，株距20厘米，每亩定植1.6万株，200孔穴盘单株苗，用苗80盘。笔者试验证明，双株4行栽培产量不低于单株6行栽培（图3-17）。

图3-17　左为四行双株栽栽培，右为六行单株栽培

2.栽培管理

（1）温度管理　芹菜是半耐寒性蔬菜，喜欢冷凉湿润的气候，适宜生长的温度15 ～ 20℃，北京冬季的日光温室完全可以满足芹菜生长的要求。一般管理上是为了促进芹菜的快速生长，白天温度控制在20 ～ 25 ℃，夜间温度10 ℃左右，这种条件下，温室的芹菜一般元旦至春节就要收获，延迟收获，容易空心，品质变差。

（2）水肥管理　芹菜起源于地中海沼泽地带，因此，芹菜喜欢湿润的土壤，要经常的保持土壤湿润，视天气和土壤情况，一般10 ～ 15天浇水一次，连阴天、阴雪天不浇水。随着植株的生长，每次施入尿素25 ～ 10千克/亩不等，70%的追肥施用在中后期，并加入钾肥，如硫酸钾10千克/亩施用2 ～ 3次。

七、病虫害防治

（1）叶斑病　高温病害，高温多雨或高温干旱但夜间结露重，持续时间长，易发病。夏季露地或春秋保护地均可发生。要及时通风，降低湿度，减少结露。药剂防治：保护地可选用5%的百菌清粉尘剂每亩次1千克或

45%百菌清烟剂每亩次250克连续或交替使用2 ～ 3次，也可喷洒50%多菌灵可湿性粉剂800倍液，77%可杀得（氢氧化铜）可湿性粉剂500倍液。

（2）菌核病　低温病害，发生在冬春季温室。冬季由于湿度大、温度低很容易发生菌核病。白色菌丝，侵染后造成叶片或球根腐烂。寒冷季节连阴天极易发生，采用流滴膜覆盖减少滴水，及时通风换气，即使是阴天也要放风，及时打掉底叶，以利通风透光，这些都是有效的生态防治措施。化学防治在发病初期，可用10%速克灵（腐霉利）烟剂或45%百菌清烟剂，每亩次250克，熏一夜，隔8 ～ 10天一次。也可喷洒50%速克灵或50%扑海因（异菌脲）或50%农利灵（乙烯菌核利）可湿性粉剂1 000 ～ 1 500倍。

（3）蚜虫　春秋季都容易发生蚜虫危害，蚜虫可使芹菜叶片卷曲收缩，并可传播病毒，应提早防治。用20%的吡虫啉2 500倍液或25%的抗蚜威3 000倍液喷雾防治。

（4）烧尖（烂心）　与干旱、光强、高温、水分不匀有关，生理性缺钙所致。

（5）侧枝　主芽受到抑制，侧芽发生多，高温干旱都会促进侧芽生长，双株栽培比单株侧芽少。

八、收获

不同的季节温度不同，生长收获期也不同，密度不同，生长期也不同，越密，生长期越短，如何判断不同密度的收获期。秋冬季长的定植后150多天收获，将近半年，如果春季温度高，生长期短，一般定植60 ～ 70天即可收获，一般温度正常情况下，70 ～ 80天收获，如果进行西芹大棵栽培，生长期延长。

春季收获需及时，温度不易控制的田间下，要及时收获，避免病害的发生。后期植株大，通风不良，容易发生病害，如叶斑病、软腐病等。

九、日光温室芹菜轻简化高效栽培关键技术

日光温室芹菜轻简化高效栽培关键技术主要有以下几点：

①机械化育苗。②200孔穴盘单株或128孔穴盘双株育苗。③温室东西向机械做畦，微耕机做高平畦，畦宽1.4米，畦面宽1米，高15 ～ 20厘米。④铺设滴灌，覆盖黑色地膜。⑤双株苗定植4行，行株距为30厘米 × 20厘米，机械移栽（尚不能实现）。单株苗定植6行，行株距20厘米 × 20厘米。⑥水肥一体化管理。⑦及时收获。

十、轻简化效果

通过温室轻简化栽培一系列措施的实施，相对传统栽培可节省劳力50%以上，同时缓解劳动力短缺的矛盾，劳动强度降低60%，节约水肥20%～30%，经济效益提高20%以上。

（张宝海　北京市农林科学院蔬菜研究中心）

第三节　韭菜轻简高效栽培

韭菜是百合科葱属多年生草本植物，原产于中国，在中国具有悠久的历史，是备受人们喜爱的一种蔬菜。韭菜是单子叶植物，种子小，苗小，出苗慢，生长慢，很容易发生草荒。韭菜种植一般是大田直播或育苗移栽，直播虽然可节省移栽时的工作量，但田间养护很不容易，另外直播整齐度差，影响产量和质量；若是传统育苗移栽，育苗时可集中管理，但起苗移栽时需要剪根、剪苗、整理等工序，耗时费工，大大增加了生产成本。此外，目前的劳动力极为匮乏，并且参加劳动的人员体质、素质偏差，这种状况在未来一段时间不会有多大的变化甚至越来越严重。机械化、轻简化等现代化技术是未来农业的发展方向。

随着科技的进步，农业设施、设备都有了很大的提升，但是现代化技术在农业上的应用尚有很大的空间，亟须把现代化技术与农业生产融合，实现符合现在社会发展的轻简化高效生产技术。经过笔者近年来的研究与实践，总结了一套日光温室韭菜轻简化高效栽培技术，轻简化高效效果明显，请生产者参考应用。

一、主要技术内容

1.品种选择

选择没有休眠、植株直立、叶片宽、抗寒、高品质的韭菜品种，如791雪韭、平韭4号、平丰6号、久星16号、久星18号等。

791雪韭：株高50厘米以上，最大叶宽1厘米，株丛直立，生长迅速，叶稍大而粗壮，鞘长10厘米以上，叶色绿厚，粗纤维少，口感辛香，味浓品质佳。高抗寒性强，在短期0℃的低温条件下，叶仍缓慢生长，能耐−7℃低温，冬季不休眠、抗寒、抗病、丰产。

平韭4号：株高50厘米以上，叶片绿色，长而宽厚，叶宽1厘米左右，单株重10克左右，最大单株重40克以上。粗纤维含量少，辛香鲜嫩，商品性状极佳。耐寒性特强，非常适合保护地生产。露地种植可年收割6～7刀，亩产鲜韭11吨左右。保护地栽培，华东、东北、西北地区10月20日前扣棚，春节前可收割3刀，亩产青韭5.5吨以上。在我国各地均宜栽培种植。

平丰6号：株高60厘米，叶长45厘米左右，叶宽约1厘米，叶片肥厚，叶色深绿；鞘长15厘米以上，鞘粗0.8厘米；平均单株重10克以上；分蘖力强，生长速度快。品质优良，粗纤维含量少，辛辣味浓。抗寒性极强，每年可收割7～8刀，年亩产鲜韭11吨以上。保护地栽培，华北、东北、西北地区10月20日前扣棚，春节前可收割3刀，亩产青韭6吨以上。适合全国各地露地及保护地种植。

久星16号：高新技术育成最新品种。叶色独特，翠绿，美观，叶片长而宽厚，该品种株形直立，株丛紧凑，株高62厘米以上，叶宽1厘米左右，地上叶鞘15厘米以上，鞘粗0.8厘米，青白色，单株重平均10克以上，商品性状好，粗纤维含量少，营养丰富，耐贮运，高抗灰霉病、疫病。不易干尖，抗生理病害，生长势强而整齐，生长速度快，产量高，年收割7～8刀，亩产13吨以上，冬季不休眠，非常适宜全国各地日光温室，塑料大、中、小棚种植，露地亦可种植。

久星18号：高新技术育成最新品种。抗寒性特强，鞘长直立，抗病优质，适应各种保护地韭菜生产。该品种株丛紧凑，直立挺拔，抗倒伏，株高62厘米以上，叶片深绿色，宽大肥厚，平均叶宽1厘米，地上叶鞘16厘米以上，鞘粗0.8厘米以上，鞘色绿白，商品性状特好，风味俱佳，生长势强，生长速度快，高抗灰霉病、疫病、白粉病，不易干尖，抗生理病害，产量高，年收割韭7～8刀，亩产13吨以上，由于抗旱性特强，除适应设施和露地栽培外，华中、华南地区常年可生产青韭。

2.穴盘育苗

选用128孔或72孔穴盘，2月日光温室内播种，每穴播种10～15粒，播种时每穴的种子均匀散开播于穴中。每亩用苗6 000～8 000穴，128孔穴盘每亩用盘70盘，72孔穴盘每亩用盘120盘。普通日光温室育苗，需要加小拱棚。

一般温室冬季小拱棚育苗（图3-18），10～20天出苗，如果使用地热线育苗，一般7～10天出苗。出苗整齐后。大约2月底可以撤掉小拱棚，3

图3-18 韭菜的轻简化育苗

月份管理阶段，随水施用0.2%浓度的19∶19∶19速溶复合肥料4次左右，3月下旬，将穴盘移至室外进行炼苗，准备定植。苗龄2个月，单株一般3片真叶，根系3～6条。播种后50～70天均可定植，定植越早对生长越有利。

3.整地、施肥、做畦

根据温室的茬口，在4～5月间均可整地，选用腐熟牛粪、羊粪有机肥，鸡粪、禽粪等需小心使用，容易招来韭蛆。不明有机肥也需谨慎使用。每亩施用12～15米^{3}腐熟有机肥、三元长效复合肥50千克。旋耕两遍使有机肥充分与土壤混合。

按东西向拉线，按1.4～1.5米宽做成高平畦，根据温室的跨度安排具体的畦宽，也可以是不等宽的高平畦。畦高15～20厘米，畦面100～110厘米，铺设滴灌带2条。

施用微耕机做高平畦，微耕机一般只能做最宽80厘米的高畦，经过改装后，可以做成80～120厘米宽的高平畦（图3-19），微耕机机械做畦的实现，大大地提高了工作效率。

图3-19 韭菜栽培的机械化起垄

4. 定植

定植时间：播后1 ～ 2个月期间均可定植，如果等待茬口净地，苗龄还可以再长些。长苗龄苗以72孔穴盘苗为佳。

定植密度：根据温室内畦面的宽度，定植4 ～ 5行，行距30厘米左右，株距25厘米。每亩6 000 ～ 8 000穴。

定植方法：可以挖穴定植，也可以开沟定植，开沟定植的定植深度坨与沟平即可，每穴的苗数必须在10 ～ 15株，苗少的穴可以通过并穴的方法定植。

定植水：定植后浇水，水务必均匀到位，第一次水每穴苗均需浇到，不能漏浇，定植水需浇大水，5 ～ 10天后可浇缓苗水，如果定植水浇水量大，缓苗水可小，如果定植水浇水量小，缓苗水浇水量就要大，缓苗水后3 ～ 5天进行中耕除草。

5. 管理

如果4月上旬温室定植，棚膜需保存至4月下旬或5月上旬撤膜，变成露天（图3-20），5月定植可以露天定植。定植后注意除草、浇水、防涝、防虫等工作。进入10月植株开始回秧，不再浇水、施肥。11月地上部干枯，可以随时扣棚保温，如果种植的棚多，可以分开时间根据收获需要扣棚。扣棚后30天左右可以收割，12月初扣棚，1月左右收获第一茬，2月春节左右可以收获第二茬。如果扣棚过早，2月左右收获的是第三茬，韭菜产品的品质没有第一茬的质量好。

图3-20　韭菜生产中的水肥一体化

温室白天的温度控制在20 ～ 25℃，夜间温度5 ～ 10℃，根据韭菜植株的长势及需要收获的时间来进行温度管理，要获得高品质韭菜产品，要特别注意温室内的温度及湿度的调控，可以在植株回秧后浇一水或扣棚后浇一水。根据天气情况要注意多放风，温度低一些，植株挺立，品质好（图3-21）。刚入冬时如果温度高，晚上风口可以不关闭。生长后期更要注意，高温、高湿虽可增加产量，但韭菜含水量增加，品质会降低，品相不好。

图3-21　田间长势

6.收获

收割的时机也很重要，从植株高度30厘米左右、2 ～ 3片叶时就可以收获（图3-22），适当早收获，品质、品相好，为精品韭菜。元旦至春节收获2茬，春节过后还可以收获。或春节前也可以收获3茬。头茬韭菜质量、品质上乘。每茬每亩产量1 ～ 1.5吨，从元旦可以收获至4月，收获3 ～ 5茬，亩产5吨以上。

图3-22　采收标准

二、结语

1.轻简化高效栽培技术要点

（1）选择优良品种。

（2）育苗时间　2月上旬温室育苗。

（3）穴盘育苗　128孔穴盘，每穴播种10 ～ 15粒。

（4）温室东西向机械做畦　微耕机做高平畦，畦宽1.4米，畦面宽1米，畦高15 ～ 20厘米。

（5）定植密度　行距30厘米，穴距25厘米。每亩定植7 600穴。

（6）铺设滴灌　每畦铺设滴灌带2条。

（7）夏季露天栽培　5月揭掉农膜，12月初扣农膜。

（8）收获　穴苗集中，容易收割，密度小，品质优。

2.轻简化高效主要措施

（1）穴盘育苗　每穴10 ～ 15粒种子，是韭菜轻简化的重要内容之一，相比传统土地平畦育苗，快、好、省。与传统地苗相比可节省人工80%左右，降低成本60%以上。

（2）温室东西向，微耕机、高平畦，实现机械化做畦　微耕机温室机械化高平畦作业，节省人工60%以上，降低成本50%以上。高平畦有利于节水、节肥，可节水、节肥30%以上。高平畦稀植栽培利于收获、优质。

（张宝海　北京市农林科学院蔬菜研究中心）

第四节　韭菜栽培增效技术要点

韭菜（*Allium tuberosum* Rottler ex Sprengle）是百合科葱属多年生单子叶宿根性草本植物。作为原产我国的传统特色蔬菜，其风味独特，深受百姓喜爱。由于韭菜适应自然环境能力较强，又有一种多收的特点，所以人称“懒人菜”。但是，不知道下面几个种植常识，“懒人菜”也很难种好。

一、主要技术内容

1.要注意韭菜品种的休眠特性

韭菜在我国栽培历史悠久，品种资源丰富，形成了众多的地方栽培品种。随着各地韭菜育种科研力量的持续投入，人工育成的优良韭菜品种

也不断涌现。目前，各地韭菜栽培上的主选品种已经以人工育成优良品种为主。

在选择优良韭菜品种时，种植者尤其是种植新手往往关注韭菜的丰产性、商品性状等外在指标，容易忽视其内在特性。休眠性作为韭菜品种的一个内在特性，尤其容易被忽视。因此，了解韭菜不同品种的休眠特性，对于提高韭菜种植的生产效率至关重要。

图3-23　休眠韭菜在保护地35天时的长势（未完成休眠）

一般认为，韭菜分休眠品种与不休眠品种两大类。不休眠品种的韭菜，经受低温后，只要满足一定的生长适温（比如覆盖棚膜加温），天便可比较迅速、整齐地发芽，生长速度较快。休眠品种的韭菜，在北方秋冬季气温降低时，地上部分的营养会逐步回流到根茎部贮藏，这一过程叫作休眠；只有达到足够的需冷量，待其养分充分回根以后，才能够在适温条件下“苏醒”。如果休眠不充分，即使给予适宜的生长温度后，此类韭菜仍旧萌发不整齐，而且生长非常缓慢（图3-23）。

图3-24　不休眠韭菜在保护地5天时的长势

韭菜不休眠品种一般具有直立性强、低温条件下生长速度快等特点，比较适宜北方保护地秋延后和秋冬季连续生产（图3-24）。韭菜休眠品种大多具有颜色浓绿、香味浓郁、早发性好、发棵齐整和粗壮高产等特点，在北方进行春提前、露地以及越夏生产上有优势（图3-25）。

图3-25　不同韭菜品种早春露地生产时长势差异（色深苗齐者为休眠品种类型）

2.韭菜种子的选择

生产上播种韭菜，都应采用上一年秋季收获的新韭菜种子。选用新韭菜种子播种，出苗率高，易确保韭菜苗长势健壮；陈韭菜种子播种后出苗率大大降低，出苗后也非常细弱，易枯萎。

这是因为韭菜种子的寿命比较短，常温条件下，一般不超过12个月，存放24个月以上的种子大部分失去发芽能力。韭菜种子在高温条件下更易失去活力；低温冷冻能一定程度延长韭菜种子寿命。越夏保存韭菜种子时建议保持低于20℃，具有冷冻条件则尽量冷冻保存。选购韭菜种子时，一定要选购在保质期内的种子，且生产日期少于12个月。

3.养好韭菜根很重要

从植物学角度讲，韭菜根指鳞茎下面的须根。这里所说的养根，除了须根外，还包括假茎基部和鳞茎。韭菜光合作用所制造的营养物质，既用于叶部的生长，又贮藏于根茎中。每次收割后，要依靠根茎中贮藏的营养物质供新叶生长，因此，每一次收割尤其是间隔较短的收割，都会不同程度地降低根茎中的营养物质。

频繁收割会导致韭菜早衰，主要表现为韭菜叶片细弱、生长缓慢甚至死棵。拉长收割间隔和控制收割次数，利于养根，是韭菜持续健壮高产的基础（图3-26）。

图3-26　养根充分情况下头茬韭菜（保护地栽培久星18号）

4.收割韭菜有学问

冬季是韭菜的消费旺季，市场需求量大，供应主要依赖温室生产。韭菜在温室内能够连续生长，菜农普遍采取增加收割频率的方式获取更多产量，易导致韭菜长势变弱、品质下降，甚至会导致病害加重。韭菜是多年生草本植物，根茎部的营养状况是韭菜健康生长和持续高产的基础，韭菜的合理收割与根茎部营养状况的关系非常密切。合理地收割韭菜，能够改善韭菜根茎部的营养状况，有利于促进韭菜稳定健康生长，确保韭菜品质优良和产量稳定。

（1）收割时机要适宜　冬季温室韭菜每次最佳收割时间间隔是

25～35天，此时韭菜植株高度一般在35厘米以上，叶片数达到4片以上，植株体内各种营养物质的含量也比较高，韭菜品质和产量都处在较优状态。收割过早，植株总体高度和养分积累尚不充分，产量较低，风味偏淡；收割过迟，植株易倒伏，老叶易黄化，感染病害风险增加，韭菜口感也趋于下降。田间发生灰霉病等病害时，若植株高度已经超过25厘米，综合考虑各种因素，可以进行提前收割，有利于病害防控和保持总体产量的相对稳定。

收割时宜选用锋利干净的镰刀，在晴天早晨或晚上进行，以早晨棚室内排湿后进行收割为最佳。清晨的韭菜水分充足，直立挺拔，收割后韭菜新鲜脆嫩，风味浓郁，储运时间长，产量和品质都比较好，利于销售。低温寡照天不宜收割韭菜，因为此类天气下棚室内往往高湿低温，韭菜生长缓慢，长势偏弱，收割后产生的伤口易感染病害。

（2）*留茬高度要适中* 留茬高度是指收割位置与韭菜鳞茎（葫芦头）上端的距离。留茬高度要适中，既不可过高，也不可过低，略高于地面较为理想。考虑到中耕和覆土等因素，可从刀口颜色上判断，截面呈浅黄色为宜（图3-27），若颜色偏绿说明留茬过高，若偏白色说明留茬过低。韭菜留茬过高，影响当茬韭菜的产量和品质；留茬过低，极易损伤叶鞘基部分生组织，既会推迟下茬收获时间，影响下茬产量，使全年总产下降，又会导致植株早衰，抗病性下降。

图3-27 刀口截面颜色略呈浅黄色为宜

（3）*收割次数要适当* 韭菜的收割次数应根据植株长势、田间水肥、病虫害发生情况以及市场需求而定。北方温室韭菜整个冬春季以3次收割为最佳，最多不宜超过4次，有利于增强植株抗逆性。北京地区温室韭菜4月中旬应停止收割，养根促壮为来年冬季丰产打基础。

（4）*收割前后管理要适当* 温室韭菜收割前一周内应避免浇水施肥，加强通风排湿；收割后，棚室内应加强保温，在新叶长到4厘米之前不宜浇水施肥。这些措施都非常有利于避免韭菜灰霉病的发生，有利于韭菜健康生长，促进稳产、高产。

二、结语

近些年，北方冬春季节韭菜的效益尚可，多地韭菜种植面积有所扩大，不少菜农加入韭菜种植行列。然而，不少新手种植者的前期种植效果并不理想，甚至是种植失败，对本节所述几个方面内容不甚了解导致的问题比较常见。当然，要种出优质、高产和安全的韭菜，也是离不开良好的茬口设计、合理的水肥管理和科学的病虫害防治措施。

（胡彬　北京市植物保护站）

第五节　菜心轻简高效栽培

菜心是菜薹的主要类型，属十字花科芸薹属芸薹种白菜亚种中以花薹为产品的变种。起源于中国南部，由白菜易抽薹材料经长期选择和栽培驯化而来，并形成了不同的类型和品种。菜心以主薹或侧薹供食，品质脆嫩，风味独特，食用方便，营养丰富，有清热解毒、杀菌、降血脂的作用。长期以来，菜心主要在我国广东、广西、福建、台湾、香港、澳门等地栽培，自20世纪80年代中后期开始，菜心开始在浙江、江苏、上海以及宁夏等多地都有栽培。

一、主要技术内容

1.生物学特性

菜心为一年生或二年生草本，根系浅，须根多，再生能力强。植株直立或半直立，茎在抽薹前短缩，绿色。抽生的花薹圆形，黄绿或绿色。茎叶开展或斜立，叶片较一般白菜叶细小、宽卵形或椭圆形、绿色或黄绿色，叶缘波状，基部有裂片或无，叶翼延伸；叶脉明显，具狭长叶柄，有浅沟，横切面为半月形、浅绿色。花薹绿色，薹叶呈卵形至披针形，短柄或无柄。花薹为主要食用部分，品质柔嫩，风味别致。花黄色，总状花序，完全花，具分枝。果为长角果，两室，成熟时黄褐色。种子近圆形，褐色或黑褐色，细小，与白菜种子相似。千粒重1.3 ～ 1.7克。

从个体发育角度而言，菜心生长发育可分为以下几个时期：①种子发芽期，即种子萌动至子叶展开，需5 ～ 7天。②幼苗期，即第一真叶开始生长至第五片真叶平展，需14 ～ 18天。③叶片生长期，即第六片真叶至植株现蕾，需7 ～ 21天。④菜薹形成期，即从现蕾至菜薹采收，需14 ～ 18天。⑤开花结实期，即初花至种子成熟，需50 ～ 60天。

2.对环境条件的要求

（1）温度　菜心生长发育的适温为15 ～ 25℃，在均温11 ～ 28℃条件下均可顺利发育。但不同生长期对温度的要求不同，种子发芽和幼苗生长适温为25 ～ 30℃。叶片生长期需要的温度稍低，适温为15 ～ 20℃，20℃以上生长缓慢，30℃以上生长较困难。菜薹形成期适温为15 ～ 20℃。在白天温度为20℃、夜晚温度为15℃时，菜薹发育良好，20 ～ 30天可形成质量好、产量高的菜薹。在20 ～ 25℃时，菜薹发育较快，只需10 ～ 15天便可收获，但菜薹细小、质量欠佳。在25℃以上发育的菜薹质量更差。栽培时最好前期温度稍高，以促进植株营养生长，转入生殖生长后逐渐降温，以利菜薹形成。

（2）光照　菜心属长日照植物，但多数品种对光周期要求不严格，日照长短对菜心的现蕾和开花无显著影响，花芽分化和菜薹生长快慢主要受温度影响。但充足的光照有利于同化物质的积累，促进菜薹形成。

（3）水分　菜心的根系浅，对水分的吸收能力较差，而且菜心的栽培密度大，叶面水分的蒸发量大，所以菜心的生长在整个生长过程中都要有充足的水分条件。但是土壤水分过多时容易引起植株生长瘦弱，易诱发病害，降低产量。

（4）养分　菜心对土壤的适应性较广。对营养的吸收，以氮素最多，钾次之，磷最少。肥水与菜薹形成关系密切，尤其是植株现蕾前后需肥水充足，以利菜薹形成。主薹形成后，应及时供应肥水，促进侧薹形成，延长收获期，提高产量。

3.栽培季节与种植方式

种植地区不同，品种不同，栽培时间也不相同。南方地区利用早、中、晚熟品种搭配及设施配套栽培，已实现了周年生产、均衡供应。长江流域及以南地区，4 ～ 8月可选早熟菜心品种露地播种，生长期35 ～ 40天，5 ～ 10月上市供应，每亩产量500 ～ 1 000千克；秋季9 ～ 10月宜选中熟类型，播后40 ～ 50天采收，供应期从10月至翌年1月，每亩产量1 000 ～ 1 500千克；11 ～ 12月至翌年3月宜选晚熟品种排开播种，播后45 ～ 55天采收，从12月至翌年4月陆续上市，每亩产量1 500 ～ 2 000千克。

（1）土壤选择　宜选择通风透光、地势平坦、排灌方便、水源清洁，前茬为非十字花科作物的土壤种植。要求在晴天或干爽时进行整地。畦宽150～180厘米（包沟），畦高25～30厘米。夏季种植因气温高、雨水多、湿度大，畦面中间要比畦边稍高6厘米（即龟背形），预防下雨积水。在这一环节，很多菜场可以实现图3-28所示的机械化，利用率较高。

图3-28　机械化起垄

（2）播期　不同类型的菜心，播期不同。早熟类型的菜心在夏季或夏秋栽培，菜薹较小，腋芽萌发力弱，以收主薹为主。品种有碧绿粗薹菜心、油绿粗薹菜心、油青四九菜心等。中熟类型菜心在秋季或春末栽培，腋芽有一定的萌发力，主侧薹兼收，以收主薹为主，菜薹质量好，对温度适应性广，品种有油绿702菜心、油青60天、东莞60天、东莞70天、十月心等。晚熟类型菜心在冬春季节栽培，主侧薹兼收，采收期较长，菜薹产量较高，耐寒不耐热，品种有迟心2号、迟心4号、迟心29号、油青迟心、油青80天菜心等。

大多数菜心都是单作。只有针对早菜心，由于常在5～9月播种，此段时期气候较恶劣，高温多雨，台风暴雨多，易发生病害，有农户会采用间套种，主要与节瓜、豆角、丝瓜等高生蔬菜套种，起到遮阴防雨作用，也有菜农将菜心与水葱、苋菜等作物间种。夏季高温多雨季节可适当加大播种量。播种时要注意避开暴雨天气。菜心以直播为主，也可采取育苗移植的方式（一般用于中迟熟品种）。当菜心生长15～20天，有三片真叶时即可移苗定植。定苗的株距为13～16厘米，迟熟种为16～17厘米。应用播种机或者更轻简化的气吸式菜心点种器（图3-29）等措施，都能有效地降低人力消耗。

图3-29　轻简化播种

(3) 田间管理

①合理密植。栽培密度根据品种特性决定，采收主薹的品种适宜密度约为12厘米×15厘米，主侧薹兼收品种的适宜密度约为15厘米×20厘米。

②合理施肥。菜心的根群分布浅、吸收面积较小、吸收能力较弱，而且栽培密度大、生长速度快。目前，在菜心生产中，一个配方管到底的方式比较普遍，仍然有较大的改良空间。宜根据测土配方的方法进行施肥安排，不宜偏施速效氮肥，否则虽然菜薹颜色浓绿，但组织不充实，味淡。特别是菜薹形成期，增加磷、钾肥有利于提高菜薹品质和产量。施肥应以基肥为主，特别在高温多雨季节不利于追肥，宜施充足的有机肥作基肥，应用水肥一体化管理（图3-30）的效果较好。

图3-30　菜心生产中水肥一体化

③防雨降温。夏季菜心生长期间正值高温多雨季节，应抓住防热防暴雨的中心环节。幼苗期遇到高温和暴雨的天气，可在0.8米以上的高处用45%遮光网搭棚覆盖，避免高温和暴雨造成的危害。但要注意在晴天的早、晚和良好天气时要揭去覆盖物，保证菜心生长有良好的光照条件。雨天后要注意及时排水防涝。夏秋高温烈日下应早晚淋水，保持湿润并降低田间温度。也推荐使用小型的避雨拱棚，但是拱棚不宜采用有遮光效果的塑料膜，可以考虑滤网。

④及时采收。当菜薹生长至“齐口花”时为采收期，早收产量低，迟收则品质差。应按统一规格进行分级采收，使产品整齐度高。采收时，可用小刀从茎伸长处切断，30多条菜薹扎成一把，束成窄扇状，面积较大的菜场一般采收后逐棵排列整齐，放入胶筐以方便运输和出售（图3-31）。收获菜薹可在早晨进行，收后可在菜薹上面洒些水，保持湿润。这个环节人工耗费非常大，但是目前没有相应的适宜采收设备。

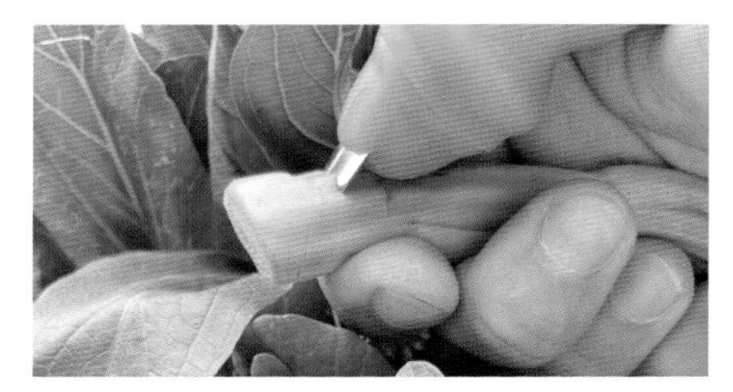

图3-31　菜心的轻简化采收

（4）病虫害防治

①黄曲条跳甲。又称狗虱仔、狗虱虫、菜虱子等。体长约2毫米。幼虫危害根皮、根须。成虫危害叶片、叶柄、花等，咬食叶片造成小孔洞、缺棵。3～5月、10～12月危害严重。防治黄曲条跳甲要采用综合防治措施，在前期及时防治。用5%锐劲特（氟虫腈）种衣剂拌种，每千克种子用药50毫升。

②小菜蛾和菜粉蝶。小菜蛾幼虫体长10～12毫米；成虫体长6～7毫米，翅展12～15毫米。每年发生有两个高峰期，分别为4～5月和8～11月。菜粉蝶又名菜青虫、菜白蝶、白粉蝶。5龄幼虫长28～35厘米，青绿色；成虫体长12～20厘米，翅展45～55厘米。发生快，来势猛，食量大。温度20～25℃、湿度76%时多发生。小菜蛾和菜粉蝶防治要掌握施药时期和方法，注意药剂轮换使用，可选用高效Bt水剂500倍液、1.8%阿维菌素乳油1 000倍液、15%杜邦安打（茚虫威）悬浮液3 500～4 000倍液等喷施，要重点喷施心叶和叶背。小菜蛾的抗药性较强，要注意药剂轮换使用，在幼虫低龄期防治。

③斜纹夜蛾和甜菜夜蛾。抗药性较强，注意药剂轮换使用，可用地乐

灵淋地；或用50%先正达美除（虱螨脲）1 500倍液、15%杜邦安打悬浮液3 500 ～ 4 000倍液、10%除尽（虫螨腈）悬浮剂1 000 ～ 1 500倍液等喷施，宜在傍晚喷施，要注意在幼虫低龄期防治。

④蚜虫。可选用10%吡虫啉可湿粉1 000倍液、3%啶虫脒乳油1 000倍液、50%抗蚜威可湿性粉剂1 500 ～ 2 000倍液等喷施。

⑤炭疽病。在高温时易发生，病原菌靠雨水和昆虫传播，从伤口侵入，在生产上要注意田园清洁，进行轮作，发害时可选用25%阿米西达悬浮剂1 500倍液、叶斑净1 000倍液、50%施保功（咪鲜胺锰盐）1 000 ～ 2 000倍液、70%甲基硫菌灵1 000倍液等喷施。

⑥霜霉病。霜霉病病斑初呈水渍状褪绿或淡黄色，周缘不明显，以后为多角形或不规则形黄褐色病斑。可选用68%金雷多米尔可湿性粉剂800 ～ 1 000倍液、50%安克（烯酰吗啉）可湿性粉剂1 500倍液、72%普力克（霜霉威盐酸盐）600倍液、72%克露（霜脲锰锌）可湿性粉剂500 ～ 750倍液等喷施。

⑦软腐病。主要危害柔嫩多汁组织，常在茎基部或叶柄处发病，致使全株萎蔫，严重时整株软化腐烂，病部渗出黏液，发出恶臭。软腐病的防治要以预防为主：选用抗病品种；避免虫害等的机械损伤；田间湿度不能过大；化学防治可用72%农用链霉素4 000倍液、77%可杀得（氢氧化铜）可湿性粉剂500倍液喷施、30%氧氯化铜800倍液等淋施。

⑧黑斑病。阴雨天气、回暖潮湿的天气时常发生流行。主要危害叶片、叶柄、子叶。要以预防为主，进行种子消毒，田园清洁。防治上可用百可宁、百菌清、甲基硫菌灵、灭病威。

⑨菌核病。可用50%速克灵800 ～ 1 000倍液、50%扑海因800 ～ 1 000倍液、40%菌核净1 000倍液等喷施。

以上用药尽量做到预防为主，减少病虫害发生。注意喷药用具和使用方法。可使用喷雾器或飞机喷雾，但喷药方法如叶背、叶面及生长点（心叶）位置都要喷到，同时打气力度要强，雾点才均匀散开，这样才能有效杀灭病虫害。

二、结语

虽然近年来，国内菜心育种和栽培技术都取得了一些进展，但总体上仍有较大改善空间。随着人民生活水平的提高，消费者对菜心的安全性、外观以及食用品质都提出了新的要求，这进一步加大了轻简化种植菜心的难度。科研和推广部门应当通力合作，加快新技术的研发和普及，为提升菜心产业整体水平提供支撑。

（张白鸽　广东省农业科学院蔬菜研究所）

第六节　绿叶菜轻简高效栽培北京通州模式探索

通州区绿叶菜生产在京郊具有代表性，主要以生菜、芹菜为主。2018年，生菜播种面积1.6万亩、芹菜播种面积0.8万亩，生菜主要以漷县南部的徐官屯、东定安等村为主，占全区播种面积50%以上，芹菜主要以于家务乡、马桥镇、张湾镇为主，其中于家务果村芹菜专业村最具代表性，2018年种植面积1 000亩左右。油菜、菠菜近年来播种面积3 000亩左右，农户分散种植，生产地域不集中。近年来，在区农业产业政策扶持下，集约化育苗、水肥一体化、绿色防控等轻简高效栽培技术应用覆盖率逐年提高，涌现出一批规模化、标准化的生产园区，促进通州区都市型现代农业发展。

一、主要技术内容

1.种植品种

生菜种植面积较大的品种为射手101、玉湖，芹菜种植面积较大的品种为文图拉，其他绿叶菜品种种类较多，农户选择种植品种主要是依据品种稳定性、抗病性、产品品质及收购方需求等。

2种植方式

（1）育苗环节　近两年在北京市农业产业政策大力扶持下，推广集约化育苗技术，发展集约化育苗场（图3-32），制定种苗补贴政策，农户逐渐

图3-32　集约化育苗中轻简化技术

应用商品苗，改变过去土法育苗方式，例如果村芹菜种植户应用商品苗，补贴后价格为0.05元/株，且种苗质量有保障，可解决苗期病害问题，农户生产积极性较高。

(2) 高效种植茬口安排　生菜设施栽培主要是早春茬、秋茬、秋冬茬，芹菜主要是越冬茬，春茬、越夏茬面积较小。在茬口安排方面，为了取得较高收益，种植经验丰富的农户，通过调整种植茬口实现周年生产，绿叶菜周年生产最高可种植7茬，另外，农户通过合理安排茬口实现绿叶菜、果菜轮作，如果村采用芹菜－番茄轮作，实现规模化、专业化生产，效益较高。

3. 种植模式

规模化生产的园区种植标准化程度高，如于家务永盛园基地种植的500亩生菜，全部采用双垄小高畦、滴灌（图3-33），实现全程机械化生产，保证生菜品质。而农户小规模生产模式也具有代表性，如果村芹菜目前仍采用大平畦、传统阳畦栽培，亩密度可达1.6万～2.3万株，传统种植习惯生产出产品品质较稳定、有市场需求。

图3-33　生菜设施标准化栽培

4. 新技术应用方面

近年来，在通州区农业产业政策扶持下，规模化生产园区普遍应用智能灌溉水肥一体化技术，实现灌溉施肥精准化，提高了水肥资源利用率；基质栽培、立体栽培（图3-34）等新型栽培模式逐步推广，取得初步成效。目前，应用智能灌溉面积已达3 000余亩，建设基质栽培示范基地5个、“七统一”园区3个，如中农富通园区通过多种技术措施的综合应用，科技水平明显提升，成为北京市、区级标准化生产基地，在通州区起到很好的示范带动作用。

图3-34　轻简高效的新型栽培模式

5. 主要技术要点

（1）品种方面　适合生产型的品种需具备稳定性（耐热性、抗寒性、抗病性等）、保证产品品质；观光休闲品种需多样化，如颜色、形态多样性等。

（2）技术应用方面

①规模化生产应尽可能实现机械化，目前起垄覆膜机械比较成熟，定植机具还需进一步改进，收获机还有待研发。绿叶菜生产实现全程机械化任重道远，个人认为，政府部门应加大适合蔬菜生产的小型农机具补贴工作。

②绿叶菜水培、基质栽培技术需解决产品品质问题，要探索肥料配比，同时降低后期运行成本。

③土传病害防治：绿叶菜生产老菜区土传病害严重，但目前没有更好的能让农户接受的技术，效果好的药剂成本高，机械消毒投入较大、效果不理想。无论是药剂处理还是土壤消毒的相关机具都需降低成本，并具有明显成效，需产业政策资金支持。

二、绿叶菜产业发展展望

随着通州区城市副中心规划及农业产业结构调整，蔬菜规模化生产势在必行，规模化意味着标准化。这将更加有利于农产品安全监管，有利于技术推广应用。北京绿叶菜的生产应由生产型向观光休闲型转变，适合都市型现代农业发展需要。个体农户生产应从盲目追求产量向追求质量转变，生产出高品质的蔬菜意味着高效益，专业化服务组织逐步发挥作用，同时也需要政策大力扶持。

（朱青艳　通州区农业技术推广站）

第七节　绿叶菜轻简高效栽培海南典型模式探索

海南省地处我国热带地区，降水量在一年中极不均衡，主要集中在夏秋季节，且正值高温、台风等不良气候发生期。由于高温高湿等气候因子对蔬菜生长极为不利，海南大部分种植蔬菜的区域闲置，导致海南省整个夏季缺菜，尤其是绿叶菜类蔬菜，笔者通过大量栽培试验及日常养护管理，成功实现当地绿叶菜周年轻简高效生产栽培模式。现将技术要点总结如下。

一、主要技术内容

1.品种选择

技术人员通过大量种植试验，根据耐热、耐抽薹、抗病、丰产等方面的表现以及市场需求，基地选取了潮州快大夏皇白（小白菜）、客家（芥菜）、奶白菜1号（奶白）、京绿1号（上海青）等适宜当地气候特征的品种（图3-35）。

图3-35　适宜当地气候的几个品种

2.高效种植模式及配套设施

（1）垂直种植模式　总面积2 304米^2，属锯齿形薄膜温室，肩高6.5米，总高8米，设6个分区，配套安装新加坡垂直种植系统（图3-36）。该系统有以下优势。

图3-36 垂直种植系统

①耗能低。通过水压推动种植架旋转运作，大大提高了种植面积，5.5米架生产量是平面种植的10 ～ 12倍。

②自动化程度高。下部栽培槽所种蔬菜吸收水分达到设定值后自主传送到顶部吸收阳光；降低人工成本，提高生产效率，保证常年高产。

③配套有智能施肥系统。根据生长期与植物状态可设定不同的施肥种类和浓度，按需施肥。

（2）采用A形种植架 整架运转靠水压带动，水肥一体化，每4 ～ 8个小时转一圈，能够做到水肥和光合作用的均衡吸收，做到了真正意义上的节约能源（图3-37）。

图3-37 传动与水肥一体化系统

3.生产周期及产量

根据速生绿叶菜均衡播种（种植）公式（$X=\frac{S\times A\times B}{D}\times d\times Y$）（$A$表示每平方米种植架个数；$B$表示单个种植架种植盆数；$S$表示温室面积；$D$表示某一品种的平均生长周期；$d$表示每盆种植株数；$Y$表示该种速生绿叶菜所占的比例；$X$表示按均衡生产要求每次定植的数量），结合生产计划（表3-2）、生长周期（表3-3）、温室面积、种植架密度（表3-4），可计算出定植数量。

例：以菜心为例，种植在温室Ⅰ，种植比例Y为40%；每平方米种植架个数A为0.083个；单个A架盆数B为160个；Ⅰ温室面积S为1 152米^2；每盆种植株数d为5株；则$X=\frac{1\,152\times 0.083\times 160}{20}\times 5\times 40\%$=1 536株/天，即菜心每天定植采收1 536株就可实现均衡生产与供应（表3-5）。

表3-2　年度生产计划

品　种	定植到采收（无）	茬	亩产量（千克）	备　注
绿叶菜类	20	18	30 000	20天为平均种植日期

表3-3　绿叶菜生长周期

单位：天

种植时间	菜　心	小白菜	芥　菜	奶　白	上海青
11月至翌年2月	23	23	25	24	28
3～10月	18	20	22	21	24

表3-4　温室种植密度

温　室	面积（米^2）	种植架数量（个）	种植架密度（个/米^2）	单架盆数（个）	总盆数（个）	每亩盆密度（个）	备　注
Ⅰ	1 152	96	0.083	160	15 360	8 889	5.5米架
Ⅱ	768	64	0.083	160	10 240	8 889	5.5米架
Ⅲ	384	32	0.083	144	4 608	8 000	3米架
合计		192		464	30 208		

表3-5　亩产量测算

品　种	总盆数（盆）	平均生长期（天）	每天采收（盆）	种植密度（株／盆）	单株重量（克）	年产量（千克）	年亩产量（千克）
菜心	30 208	20	1 510	5	35.7	98 380	28 468
奶白	30 208	22	1 373	4	44	88 202	25 523
小白菜	30 208	21	1 438	4	43.1	90 488	26 184
芥菜	30 208	23	1 313	4	28.7	55 017	15 920
上海青	30 208	25	1 208	4	48	84 657	24 497

二、常见病虫害种类及防治方式

(1) **虫害**　叶类蔬菜常见多发性虫害为黄曲条跳甲及斑潜蝇危害。

黄曲条跳甲属鞘翅目、叶甲科害虫，俗称狗虱虫、菜蚤子、跳虱、土跳蚤和黄跳蚤等，简称跳甲，常危害绿叶菜类蔬菜，以甘蓝、花椰菜、白菜、菜薹、萝卜、芜菁、油菜等十字花科蔬菜为主，但也危害茄果类、瓜类、豆类蔬菜。近几年，随着种植结构的调整和设施栽培的普及，黄曲条跳甲的发生危害逐年加重（图3-38）。

图3-38　黄曲条跳甲啃食后的叶片

斑潜蝇属双翅目潜蝇科，主要以幼虫在植物叶片或叶柄内取食，形成的线状或弯曲盘绕的不规则虫道影响植物光合作用，从而造成经济损失。其具有舐吸式口器类型，以幼虫危害植物叶片，幼虫往往钻入叶片组织中，潜食叶肉组织，造成叶片呈现不规则白色条斑，使叶片逐渐枯黄，造成叶片内叶绿素分解、叶片中糖分降低，危害严重时被害植株叶黄脱落，甚至死苗。造成植株危害主要为美洲斑潜蝇（危害叶片正面）（图3-39）。

图3-39　斑潜蝇危害的叶片

(2) *病害*　常见病害为软腐病，主要由欧氏杆菌属细菌和根霉属真菌引起的植物病害。可使植物的组织或器官发生腐烂。病菌均为弱寄生菌，主要危害植物的多汁肥厚的器官，如块根、块茎、果实、茎基等（图3-40）。

图3-40　软腐病

(3) *防治方法*　主要采用农药防治（表3-6）。

表3-6　病虫害防治方法

病虫害种类	农药名称	有效成分	稀释倍数	使用方式
跳甲	艾绿士	60克/升乙基多杀菌素	800	喷雾
	特福力	22%氟啶虫胺腈	800	喷雾
斑潜蝇	灭蝇胺	10%灭蝇胺	600	喷雾
	潜盾	2%阿维菌素	2 000	喷雾
软腐病	噻菌铜	10%噻菌铜	600	喷雾
	鲜润	3%中生菌素	1 500	喷雾

软腐病在种植时，使用阿米西达1 000倍液浸泡小苗2 ～ 3秒，非常有效。

三、结语

在设施及立体化种植越来越普及的今天，设施及技术在不断地进步，人们对食物的要求也从简单果腹逐渐上升为追求质优、味美、安全、健康，作为新时代的农业人，任重而道远。

[范天擎　新格林（浙江）生态科技有限公司]

第八节　绿叶菜有机种植
——昆明芸岭实践案例

云南多样性的气候条件，形成昆明、大理、楚雄等夏季绿叶菜优势种植区，元谋、元江、德宏、西双版纳等冬季果菜和冬季绿叶菜优势种植区。

由于有机蔬菜标准和针对消费群体不同，有机绿叶菜种植在种植季节安排、计划排产和种植规程跟常规绿叶菜种植又有明显区别。

一、技术内容

1.有机蔬菜生产对土壤、水和空气的要求

首先，绿叶菜有机栽培应该远离城区、工矿区、交通主干线、工业污染和生活垃圾场。选择生态环境好的地方，产地环境条件应符合以下要求。

①土壤环境质量应该符合GB 15618中的二级标准。

②农田灌溉用水质符合GB 5084的规定。

③空气环境空气质量符合GB 3095中二级标准和GB 9137的规定。

2.种子和植物繁殖材料

①有机种植选择适宜昆明当地气候（海拔）、土壤条件（酸性土壤），抗病虫害，抗逆性强，品质优良，适合市场消费的植物品种。在种植布局和计划编排上要充分考虑植物品种的多样性，进行轮作、套种。

②有机种植不得选用转基因和禁用物质处理的种子种苗和其他繁殖材料。

3.栽培管理

绿叶菜在昆明地区有机栽培常用种类：①十字花科占大部分。②沙拉菜：生菜类（罗马生菜、意大利生菜、结球生菜、奶油生菜、橡叶生菜、贝贝生菜等）、苦苣、红叶甜菜、羽衣甘蓝、水果甘蓝等。③其他类：油麦菜、芹菜、菠菜、茼蒿。这里笔者重点探讨小型绿叶菜的有机种植管理要点，基本操作技术在此就不赘述了。

有机蔬菜由于不施用化肥、农药，所以在土壤培肥上尤其重要。有机质含量丰富、形成良好的土壤团粒结构，通气、保水、保肥、无重要病虫害的健康土壤是绿叶菜有机种植成功的重要基础。

（1）*有机质土壤培肥*　寻找安全肥料原料进行高温发酵（图3-41）。如牛羊粪、鸽子粪、蚯蚓粪、厩肥、腐殖土、秸秆废弃物、蘑菇渣及菜籽饼堆制腐熟发酵处理，腐熟完成后加入复合菌EM等微生物菌剂培养土壤有益菌群，促进有机养分分解，活化土壤，通过微生物的活动产生一些代谢产物也可以促进绿叶菜生长从而达到抗病增产的效果。新地每亩5米^3，成熟地每亩1.5米^3（小叶菜），生长周期2个月以上的适当增加用肥量。发酵时还可以配5%钙镁磷矿粉、钾矿粉及含微量元素矿石粉进行复合发酵，促进矿物质元素转化。根据不同作物调配有机肥养分。如果没有条件堆肥可以

图3-41 大型机械堆肥制作

选择有权威有机认证单位进行有机认证过的有机肥料，市面上普通商品有机肥由于原料来源不明可能存在重金属等超标问题要禁止施用。

图3-42 土壤轮作

（2）土壤休耕和合理轮作 绿叶菜有机栽培在冬春季前茬蔬菜收获完毕后即可施用加EM复合菌剂的有机肥，立即旋耕还田，利用15天时间促进土壤残留有机物的腐熟分解和土壤微生物的繁殖，为幼苗生长提供一个健康的土壤环境，让土壤进行休养生息（图3-42）。夏季不低于10天。保证土壤按计划熟化，不影响下茬蔬菜种植并促进草籽萌发，下次种植整地灭草，长期操作可以减少杂草危害。同时要根据种植计划留出足够的轮作面积，以保证计划的顺利推进。播种前根据大棚土地宽度和滴灌喷灌排布按1.5 ～ 2.0米宽、0.2米高放线起垄栽培以利于种植管理和水分调控。

图3-43 育苗穴盘半自动播种

（3）绿叶菜有机种植模式 绿叶菜种植有直播和育苗移栽两种育苗方式。除生菜类、油麦菜、娃娃菜、芹菜等适合育苗以外，其他品种基本适合直播（图3-43）。有些品种也可选择育苗移栽，以缩短在田时间，增加效益。比如菜心育苗15天，定植15 ～ 18天即可采收。

生菜类蔬菜用泡沫盘漂浮育苗，其他蔬菜用塑料穴盘进行旱育苗也同样采用半自动播种机播种。

为保证直播效果提高劳动生产率，尽可能采用机械化播种（图3-44）。可以根据菜品及规格要求调整株行距和需种量。

种植或直播完成后立即浇定根水或蒙头水，3天内保证土壤湿润利于蔬菜生根返苗，促进绿叶菜早发快长（图3-45）。

图3-44　有机绿叶菜机械直播

图3-45　有机菜心育苗移栽

二、有机绿叶菜生长期管理

有机绿叶菜种植后主要是水、肥和温度的管理。

①绿叶菜又称水菜。顾名思义就是指绿叶菜从播种到收获都是需水量比较大的蔬菜，如果水分不足就会对蔬菜正常生长产生不利影响，储藏运输过程中保湿不好对产品同样有很大影响。小绿叶菜对水分需求量是前高中低后高类型，即种植初期（10 ~ 15天）需水量高，中期（15天左右）适当降低土壤水分控制浇水量促进根系下扎（俗称蹲苗），中后期叶面积增加水分蒸腾加剧，蹲苗结束后逐渐增加浇水量和浇水频次，保证见干见湿。

②有机绿叶菜肥料运用以有机肥为主，同时由于生长期比较短一般全部做底肥一次施用，在定植返苗和直播中后期根据长势及时补充液体肥，如有机认证的液体肥、沼液、自制高氮型液肥等高氮型有机液肥进行喷、滴灌施用。

③云南昆明地区有机绿叶菜温度管理不同于北方日光温室温度管理。不同品种、不同季节、不同设施条件的温度管理各不相同，冬季昆明地区最低气温在 −2℃以下不适宜生菜等有机绿叶菜露地种植，冬季菜心、生菜、小白菜、上海青等容易冻伤的品种都要进春秋冷棚种植。因此，只有在设施条件下才有可能对温度调控，主要手段是早晚通风，根据蔬菜品种和不同生长阶段对温、湿度要求和天气状况合理确定通风时间和通风口大小，

特别是1～2月绿叶菜容易春化的阶段更是温度管理的关键时期，首先要选择耐低温、耐抽薹的品种。对于品种达到春化性状阶段时期要严格控制温度，保证最低温度不能长时间低于10℃。不同品种春化时间和温度要求不同，如娃娃菜是长日照作物，较短时间就能引起春化，因此前期保温尤其重要。一般如果棚内温度晚上达不到4℃以上就要采取保温和增温措施：地膜加小拱棚加无纺布夜间保温。同时进行直播、增加肥水来促进蔬菜速生快长，不可蹲苗。

三、有机绿叶菜病虫草害防除

1.有机绿叶菜杂草防除常用措施

为什么说是防除而不说是除草呢？因为有机绿叶菜杂草防除也是一个综合管理技术，不能用简单的除草来定义。大家都知道有机绿叶菜栽培杂草防除是一件很费工、令人很头疼的事。有机蔬菜生产中所有除草手段都是围绕耕作进行的。

所谓耕作防治是指利用作物栽培管理方式及技术，达到抑制或不利于杂草生长的防治方法，如传统人工除草、机械除草、火烧、窒息法(淹水、覆盖)、轮作制度等。例如绿肥轮作休闲期可种植绿肥作物，常见的有油菜、大豆、田菁、苕子、三叶草、紫云英等。

①覆盖。以不透光物质覆盖地面，如黑塑料布、稻草、纸席。

②中耕。可清除已萌芽的杂草并且把未发芽的杂草种子翻出，等它萌芽再一次中耕清除。

③深耕。以拖拉机翻动土，把未结籽杂草翻入土中腐烂，同时让杂草种子深埋土中，失去发芽活性。中耕培土同时也是一次杂草防除手段。

④种植低匍匐性的草本植物。可降低杂草竞争力并减少土壤水分蒸发。

⑤轮作。利用轮作可降低杂草对作物、环境的适应力。

⑥栽培措施。催芽撒播、密植、育苗移栽、触发表层草防除后种植等农艺栽培措施可降低杂草竞争力，使绿叶菜的生长速度超过杂草的生长速度，在绿叶菜采收前不会对产量造成影响。

(1) 直播绿叶菜杂草防除手段

①促发降密。种植前连续翻耕喷水促进草籽萌发，降低播种时杂草基数。

②错期播种。杂草出土后到10厘米高之前用艾敌达（57%石蜡油乳

油）、食用碳酸氢铵、8%～10%的食醋、石硫合剂喷雾及火焰等进行除草。在蔬菜封行前上部杂草已经很少而且小，对个别突出杂草只要进行简单拔除即可（图3-46），对行间地头杂草可以用打草机进行除草。

图3-46　有机绿叶菜人工除草

（2）*定植田除草管理*　由于定植比直播密度较稀，用黑色或银黑色地膜进行封闭除草。收获后要进行地膜回收作业。菜心、小白菜定植不用地膜，由于种植较密，育苗移栽以后15～20天就可收获，因此不用除草，采收完成后还有利于直接还田作业。

近年来，有生物降解膜问世，其主要成分有淀粉基和PBAT/PPC改良性材料，都有非常好的功能和生物降解性能，对农业生产和环境保护具有重要意义。

2.病虫害防治

（1）*有机绿叶菜主要病害主要是苗期根部病害和生长期叶部病害*　根部病害主要有猝倒病。有机防治措施主要是高温闷棚杀菌，增施充分腐熟的有机肥，培养富含有机质和有益微生物的健康土壤，重在预防。

叶部病害主要有霜霉病。在种植管理上加强水分管理，降低株间湿度，定期喷施EM生物菌剂进行预防，在发病初期每亩用1.5亿活孢子/克木霉菌可湿性粉剂200～300克进行微喷雾防治。选用枯草芽孢300倍液、南京本源宁盾400倍液等有机植保剂进行预防和前期防治，每隔5～7天喷一次，连喷2～3次。也可以用波尔多液或石硫合剂进行防治，可以兼防黑斑病等其他叶部病害。

（2）*虫害*　主要是地下害虫，有蛴螬、地老虎等。地下害虫可用白僵菌和绿僵菌进行防治。叶部害虫主要有蚜虫、斜纹夜蛾幼虫、菜青虫、小菜蛾和黄曲跳甲等。

蚜虫防治每亩悬挂20～30块黄板诱杀带翅蚜虫。夏秋季每亩用1.5%除虫菊素水剂150毫升或0.3%苦参碱水剂60毫升，防治周期5～7天，两种植保剂交替使用，能够有效防治蚜虫、小菜蛾、菜青虫等。

小菜蛾、菜青虫、甜菜夜蛾、斜纹夜蛾等鳞翅目害虫用40亿PIB/克小菜蛾多角体病毒可湿性粉剂250～300倍液喷雾防治，以及斜纹夜蛾多角体病毒、甜菜夜蛾多角体病毒、苏云金杆菌等生物植保剂进行防治。黄曲跳甲用鱼酮藤，蜗牛、蛞蝓用生石灰、蜗鲨等生物植保剂进行防治。

此外，太阳能杀虫灯和性诱捕器可以杀灭大量成虫（图3-47），大大降低虫口密度，可以起到非常好的预防效果。蓝板可防治跳甲、蓟马等（图3-48）。

图3-47　有机蔬菜种植基地太阳能杀虫灯

图3-48　有机绿叶菜黄板、蓝板诱杀害虫

四、有机绿叶菜采收

有机小型绿叶菜一般播种或定植后20 ~ 40天开始采收，具体根据不同品种、不同供货渠道的采收标准确定采收时间。

图3-49　有机绿叶菜采收

采收前3 ~ 5天停止浇水，早晚露水干后开始采收，采收时要求净菜入库，一刀成菜，不要来回修整，去除病虫叶整齐码入有塑料膜内胆的筐或泡沫箱内（图3-49）。采收完成后尽快进行预冷或入库冷藏。每个批次单品要进行安全检测，然后进行分拣包装准备发往全国各地，完成有机绿叶菜的使命。

（李超敏　云南芸岭鲜生农业发展有限公司）

第九节　绿叶菜生态种植
——宁波天胜农牧实践案例

宁波天胜农牧发展有限公司（以下简称“天胜农牧”）自成立以来，就秉承回归自然、恢复保护农业生态环境发展之路，一直践行不用农药、不用化肥、不用除草剂、不用生长激素的“四不用”承诺。保持种植业、养殖业的和谐协调发展，实现种植业和养殖业废弃物的完全循环利用，将传统农业技术和现代农业科技有机结合，逐步修复基地的农业生态环境，为市场提供优质安全的农产品。

经过9年的积累，天胜农牧形成了生态种植区→加工制造园区→生态养殖园区之间的大循环，种植→秸秆、杂草、蔬果下脚料→发酵床养殖（猪牛）→有机肥加工→蔬果生产的物资内部循环、水循环系统、生态平衡系统，旨在做到生产和消耗的每一种资源都利用的恰到好处，实现物尽其用，实现自然和谐的生态平衡系统。现代农业基地周边空气质量优良，土壤有机质含量高达60克/千克，灌溉用水充足，作物可1年3熟，农业生产条件十分优越。

目前，天胜农牧已经形成了种植养殖资源循环互补的规划格局，深入探索生物防治应用技术，形成了两大产业：种植业、养殖业；三大循环系统：物质循环系统、水循环系统、生态平衡系统；六种物质循环模式。通过三大循环实现了循环中生态平衡——种养结合，循环中物质动态平衡——废弃物还田，循环中的水体循环——污水处理净化和循环利用，体现了天胜农牧独具特色的生态系统、安全的产品质量、应急的保障系统、具有抗逆性的生产体系。

一、主要技术内容

1.“四不用”绿叶菜栽培方式及品种选择

（1）主要品种选择和特性

①菠菜沃种2号。中早生品种，抗病强，耐寒，抗霜霉病，叶片特别直立宽大肥厚，叶色深绿平滑有光泽；发芽适宜温度15 ～ 20℃，低于14℃或高于30℃发芽率降低，生长适温20 ～ 25℃，超过35℃影响正常生长；夏季气温过高时要用遮阳网，早春要在棚内保湿，适合春、秋季栽培。

②小白菜速美311青梗菜。耐热青梗菜品种，该品种适应性较好，产量稳定，抗病性、抗逆性强，生长速度快，大头束腰，叶色亮绿，高温不易拔节。

③红苋菜307。红叶红头，大叶圆形，生长快，纤维少，适合春、夏、秋季种植，直播，气温低于15℃时，采取盖膜保护措施。

④小白菜飓风688。叶色绿，叶片肥大厚嫩，叶帮宽，球内黄心，生长速度快，耐捆绑；抗病性强，较耐热耐湿；夏季栽培20天左右即可收获。

(2) *栽培方式与栽培季节*　确保绿叶菜每日供应，根据宁波气候特点，对不同品种绿叶菜的生理特点，进行合理的茬口安排（表3-7），是获得优质、高产、高效的重要措施。

表3-7　绿叶菜栽培的主要茬口安排

季　节	播种期	收获期
春大棚栽培	2～4月	3～5月
夏大棚栽培	5～7月	6～8月
秋大棚栽培	8～10月	9～11月
冬大棚栽培	12月至翌年1月	12月至翌年2月
秋露地栽培	9～11月	10～12月

2. 施肥、整地、做畦、闷棚

(1) *施肥*　绿叶菜类喜疏松、肥沃的土壤，每亩施用自制微生物发酵肥（将菜籽饼、畜禽粪便、杂草、秸秆等进行混合堆肥发酵，制成微生物发酵肥）（图3-50，图3-51）3 000千克撒施于土面，待做畦完成后畦面喷撒土著微生物（图3-52）。

图3-50　自制微生物发酵肥

图3-51　微生物发酵肥

图3-52 喷洒土著微生物

（2）整地 用旋耕机将地块深翻，整平，避免高低起伏，影响播种机播种和浇水均匀（图3-53）。

图3-53 旋耕机整地

（3）做畦 用多功能田间管理机沿大棚南北向做平高畦（图3-54，图3-55），畦面宽1米。

图3-54 多功能管理机（开沟、做畦、旋耕一体机）

图3-55 机械化做畦

（4）闷棚　完成施肥、整地、做畦，打开喷淋浇透水以后，棚内畦面覆盖一张整地膜，然后封闭两边棚膜及门头15天以上，这样可以很好地杀死草籽、虫卵及消除病害，最后打开棚膜，揭开地膜，晾棚3天后即可播种（图3-56）。

图3-56　高温闷棚

高温闷棚是一种简单有效的农业防治措施，能够从土壤本质入手，从根本上解决问题，从而达到理想的防治效果。一般在夏季休闲期（7月中旬至8月下旬）进行，密封大棚在强光照射下，棚内迅速升温到60℃以上，并保持15天以上，就能很好地消除病菌、杀灭虫卵、清除杂草、改良土壤。

3. 播种

采用滚筒式播种机（图3-57）播种，根据不同品种不同的用种量，一般十字花科绿叶菜类蔬菜亩用种量500克，菠菜3 000克，红苋菜300克；将种子放入下种盒内，在畦面匀速前进；播种完成后覆盖遮阳网（图3-58），根据土壤湿度合适浇水。一般3天左右出苗，并及时揭开遮阳网。

图3-57　播种机播种

图3-58　播种后覆盖遮阳网

4. 田间管理

（1）温度管理　在春、夏、秋季栽培大棚使用防雾滴耐老化功能棚膜，夏、秋季栽培在大棚通风口及门上应覆盖防虫网（图3-59），并在顶膜上加盖遮阳网，可起到降温、防雨、防虫的作用。喜冷凉的绿叶菜温度应控制在白天15 ~ 25℃，晚上10 ~ 20℃；喜温暖的绿叶菜温度应控制在白天25 ~ 30℃或更高一些，晚上15 ~ 20℃或更高一些。

图3-59　防虫网

（2）肥水管理　绿叶菜栽培更强调保持田间水分充足，浇水次数应根据天气情况而定，适时浇水、保持土壤湿润，浇水掌握轻浇、勤浇的原则，时间在上午8时前、下午5时后进行，防止烂菜；宜采用喷灌或微喷等节水灌溉技术保证水分的均衡适量供应，要做到合理排灌，暴雨季节应及时清沟排水（图3-60）。

图3-60　排水沟

绿叶菜栽培施肥以基肥为主，在一般情况下不必追肥，除非土壤肥力较差或肥力不均情况下，在生长期间适当补充有机肥。在生长盛期叶面喷洒自制的营养剂，如鲜鱼氨基酸、水溶性钙汉方营养剂（图3-61）和豆粕液等营养制剂。

图3-61　自制的营养剂

（3）*病虫害管理*　绿叶菜类蔬菜在生长期危害较重的病虫害有猝倒病、蚜虫、菜青虫、小菜蛾等，田间管理需以预防为主，及时在病害发生初期拔出病株，带出棚外集中处理，以保护植株健康成长。主要通过以下措施进行防治。

①以虫治虫。培育、养殖异色瓢虫、捕食螨、花绒寄甲、丽蚜小蜂、赤眼蜂等天敌，并适时投放。用天敌对害虫进行防控，防止虫害暴发（图3-62）。

图3-62　生物防治

②诱捕治虫。用双色太阳能灯光（图3-63）进行光诱；用性诱剂（图3-64）对菜青虫、小夜蛾等成虫进行引诱；用色板（图3-65）对蚜虫、猿叶甲、红蜘蛛、蓟马等进行引诱；种植害虫喜欢的植物进行食诱等方法减少害虫数量，防止虫害暴发。

图3-63　太阳能杀虫灯

图3-64　性诱剂

图3-65　色板（黄、蓝色）

③农艺治虫。用防虫网防虫、高温闷棚、低温冻棚、休耕轮作、水旱轮作、放鸡啄虫（图3-66）、人工抓虫（图3-67）等农艺方式降低虫害数量，防止虫害暴发。

图3-66　放鸡啄虫

图3-67　人工抓虫

④泡种防虫。用汉方营养剂（主要是由当归、甘草、桂皮等中药材发酵而成，主要用作浸种，防治植物病害，恢复作物生长能力，提高作物的抗病力）对种子进行泡种，降低种子被吃掉的概率。

⑤以菌防病。喷撒土壤微生物，增加有益菌的密度，减少有害菌入侵的机会。

⑥健体防病。增强植株的体魄，提高抵抗病害能力。

⑦拔株控病。及时拔除病株，防止病害扩散、传染。

（4）杂草管理　以草控草：在闲余地块种植黑麦草、三叶草、菊苣、紫云英等优质牧草，控制杂草的生长，实现以草控草。与草为伴：在免耕地块，蔬菜与各种野草相伴，相互依存，共享自然精华（图3-68）。

图3-68　自然生长的生菜

5.收获

根据不同季节、不同温度、不同种植密度，收获期也是不同的，往往种植越密，生长周期越短。一般春、秋季播种后40天左右收获；夏季温度高，播种后25天左右收获；冬季播种后50天左右收获。

夏季高温收获时，需在早晚采收，避免失水萎蔫，采收后及时放到预冷库；一旦开棚采收，由于人员走动，棚门经常开关，虫害不易控制，因此要及时收获，避免虫害的发生。

二、结语

该模式要做到生态循环，必须要种养结合，并做到与土地承载力相匹配，如1亩土地能消纳2头猪的排泄物，1亩果园能养殖25只鸡。经营者要有保障食品安全、敬畏自然、发展生态循环模式的生产理念，要有以为子孙后代留下一片净土为己任的历史使命感。

公司坚持以现代生态农业的思路指导生产、促进经营，坚持以原定的“四不用”理念生产优质、高档的农产品，脚踏实地地开展工作，一步一个脚印探索生态农业之路。

（冉强　浙江省宁波市海曙区古林镇天胜“四不用”农场）

图书在版编目（CIP）数据

绿叶菜轻简高效栽培：彩图版/邹国元等编著．—北京：中国农业出版社，2021.7（2022.5重印）
（设施农业与轻简高效系列丛书）
ISBN 978-7-109-27410-5

Ⅰ.①绿… Ⅱ.①邹… Ⅲ.①绿色蔬菜–蔬菜园艺 Ⅳ.①S636

中国版本图书馆CIP数据核字（2020）第188318号

中国农业出版社出版
地址：北京市朝阳区麦子店街18号楼
邮编：100125
责任编辑：丁瑞华 魏兆猛
版式设计：王 晨 责任校对：吴丽婷
印刷：北京通州皇家印刷厂
版次：2021年7月第1版
印次：2022年5月北京第2次印刷
发行：新华书店北京发行所
开本：700mm × 1000mm 1/16
印张：8.5
字数：160千字
定价：48.00元